有风吹过
——中大心理医生手记

杜恩 袁勇贵·著

东南大学出版社
SOUTHEAST UNIVERSITY PRESS
·南京·

图书在版编目(CIP)数据

有风吹过:中大心理医生手记 / 杜恩,袁勇贵著.
—南京:东南大学出版社,2020.1
  ISBN 978-7-5641-8614-2

  Ⅰ.①有… Ⅱ.①杜… ②袁… Ⅲ.①青少年心理学 Ⅳ.①B844.2

中国版本图书馆 CIP 数据核字(2019)第 256586 号

有风吹过——中大心理医生手记

著　　者	杜　恩　袁勇贵
出版发行	东南大学出版社
社　　址	南京市四牌楼2号(邮编:210096)
出版人	江建中
责任编辑	褚　蔚(Tel:025-83790586)
经　　销	全国各地新华书店
印　　刷	江阴金马印刷有限公司
开　　本	880mm×1230mm　1/32
印　　张	7
字　　数	163 千字
版　　次	2020 年 1 月第 1 版
印　　次	2020 年 1 月第 1 次印刷
书　　号	ISBN 978-7-5641-8614-2
定　　价	45.00 元

本社图书若有印装质量问题,请直接与营销部联系,电话:025-83791830

PREFACE

前言

写这本书,完全承蒙袁勇贵教授的抬爱和中大医院心理精神科医护人员给予的珍贵平台。

当时的初心只是出于对心理学的兴趣,袁主任却敞开大门,让我有幸参与每周二上午他们常规的病例查房,这期间我接触了大量的病例,有老年性抑郁症者、有因工作岗位人事关系不畅引起的自闭者、有产后忧郁症者……而其中初、高中学生病例竟然占到了总数的30%。原本应该是鲜活积极的生命,呈现给我的竟然是疲惫、懒散、焦虑、厌世、绝望、甚至自残。他们在自己的黑暗地带里苦苦挣扎,不断地被恐惧所蹂躏,却身不由己,不可自拔。

我尝试着去倾听他们、理解他们。他们在自己的世界里游弋,你甚至不知道哪一句话会触痛他们,变得敏感谨慎多疑,生怕被你发现端倪,处心积虑地与你周旋。他们中有的用自己的苦痛去折磨他人来获得快感,而在获得胜利的同时又自责内疚;有的则是彻底地放弃,用眼泪和痛苦来消磨自己的意志;有的则更像是行尸走肉,以此来获得安全感;有的是不断地否定,又不断地自负,然后不断地自卑,最后自闭。

这些孩子中越是有思想、越是聪明、越是自我意识强的,越容易深陷其中,自己与自己较劲,与整个世界较劲,即便你伸手援助,他也会用自己的方法多次试探,有的时候对于心理医生来讲就是一场耐力的博弈。与我相处的大部分孩子还是很想寻求帮助回归家庭和学校,但是由于基因的特质、先天的敏感、心智的脆弱、处世上的被动、思维上的偏执、外界的负面压力、环境的变更、人为的主观占有等因素经常会发生反复,而处在一个漫长过程中等待转轨的出现。在相处中,我发现医护人员的不遗余力和锲而不舍是可以扭转局面的开关,主观正向的能力和积极氛围的营造可以主导发展的方向,而这需要整个社会、家庭、学校共同给予支持和能量。

同样在这个过程中,我感受到了家长强烈的焦虑和纠结,他们所把持的气场潜移默化,甚至是决定了孩子发生问题程度的深浅和走向。他们中,有的是基于自己的问题,在教育驯化中不自觉地投射在孩子身上;有的是孩子发生问题后的不知所措,甚至近乎崩溃导致事态的进一步恶化;有的是在外界主导意识下偏听偏信,放弃孩子的立场,将孩子推入深渊;有的则是过于关注,变本加厉地用自己的方式主宰和控制局面。

青春期原本就是一个,天使和魔鬼交织、迷茫和自我交锋的时期,需要给予孩子宽敞的空间,放松和煦的氛围,让他原本紧张的心灵松弛和得到自我调节,但是学业的压力、学校的评估指标、分次的排名、老师的要求、家长的逼迫……都让他们感到前所未有的紧张，特别是中考、高考前，整个社会的关注度，都让他们觉得孤立无援，无处可逃。

如果不再以分数作为指挥棒，不以分数论英雄，老师们可以尽力在三尺讲台上驰骋，家长可以不干涉孩子的分数，孩子可以有更宽泛的知识领域，更自由的兴趣取向，社会能给予孩子更理性和平实自然的期望和关注，或许即便在这条路上会有青春期心理上的起伏，但我想在一个更加宽阔的空间里鸟儿才可以自由飞翔，而不是锁死在一个美丽的金丝笼里。

在案例的整理和写作中，我越来越强烈地感受到：青春期遇到的困惑和纠结就像是一阵风，它可能会吹得猛烈，狂风大作，但是也只是一阵，它必然会过去。这也是我想告诉所有的家长朋友们，孩子在青春期表现出冲突挣扎，是一个非常正常的生理期，作为家长应该把它当作孩子成长经历的一阵风，接受这个时期孩子的生理和心理变化，客观地评价和理性地对待他们的成长，笃定地相信它必然会过去，就像一阵风一定会吹过，终能平复。于是我们将书名定为"有风吹过"。

或许是因为袁勇贵教授不断地为这个世界上困惑的人们、为这一群逃不出去的孩子寻求着各种支持和搭建各种科普平台，或许是因为感动于中大医院心理科的医生护士们对任何一个心理病人不放弃的执着，或许是因为看到家长茫然不知所措的冲动行为、孩子们痛苦绝望的眼神……我们写了这样一本书，告诉大家：有人用一生来治愈童年，有人用童年来治愈人生。

本书案例中的主人公均为化名，读者请勿对号入座。

最后，感谢牟晓冬医生、徐治医生、黄河医生、毛圣芹护士长以及中大医院心理精神科的全体医护人员，也谢谢所有让这本书有了生命的人们，还有那些曾经愿意与我倾诉故事的主人公，希望本书能够帮助到无助中的孩子和焦虑的家长们。

杜 恩

2019年7月

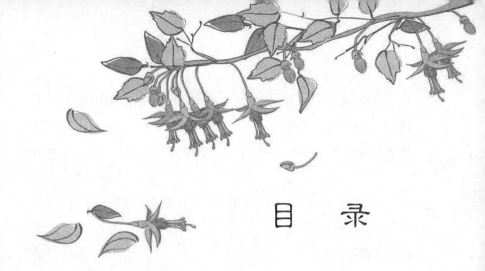

目 录

"我喜欢黑暗,那是因为它黑,别人看不到我。"
我怕在阳光下行走 …………………………………… 001

"沉沉地睡去,我就没有了思想,也就没有了恐惧和痛苦。"
"变懒"的小伙 ………………………………………… 009

"我看不起自己,是因为别人看不起我。别人看不起我,是因为我看不上自己。"
害怕上学的高中生 ……………………………………… 017

"我知道在我身体里有个野兽,我要把它抓出来,看看它的模样。"
浑身不舒服的大男孩 …………………………………… 025

"我喜欢我的虚拟世界,因为它可以包容不真实的我。"
不敢去面试的大学毕业生 ……………………………… 033

"小时候我的路是直的、平坦宽阔、看得到底;长大后,我的路是弯的,不知道会通向哪里?"
我读书是为什么? ·· 041

"我的世界在床上,被子是我的妈妈,我不会下床,也不想下床,天花板里有我的心事。"
我什么都不想! ·· 049

"有分数就有天下吗?为什么我一贫如洗,穷得像个乞丐?"
我只是一个普通人 ·· 059

"活着的答案不是我的答案,于是我选择死去。"
活着没有意义 ··· 069

"大人的世界是个谜,我找不到钥匙打开它。"
12 岁的小大人 ·· 078

"我想有个安静的地方,但是我的世界里充满了大人的问题,一个又一个,没有穷尽。"
一早起来会头晕的女孩 ·· 087

"它总是在那儿等我,我不得不跟着它,如影随形。"
我是不是拿了别人的东西? ·· 095

"我惊恐得像只小鸟,可是小鸟能飞向天空,而我只能走向惊恐。"
我该吃什么? 103

"我想自己走过,可是力不从心。母亲的爱就像细密的网,我越想挣脱,它束得越紧,直到我死去。"
我和母亲的战争 113

"玫瑰虽然美丽,但是它带着刺,扎得你流血,痛到骨髓。"
这是我的白玫瑰 123

"我停不下来,我生来就是要完成一个使命,所以我只能奔跑。"
在 0 和 100 之间,我不是 100 就是 0 134

"我存在的目的就是分数,我不能容忍自己分数落后,更不能容忍别人超过我。"
我的同学就是我的敌人 143

"我被它折磨得太久,以至于成了它的奴隶。"
为什么我总也摆脱不了性 153

"它将我逼到死角,吞噬我。其实,它就是我的一部分,和我一样单纯。"
我看了妈妈的身体 161

"精神被监禁的时候,身体就会逃出来,伺机作案。"
一吃就吐的高中生 ·· 170

"爱的重量,不要太重,不要太轻,能容下我们。"
菠菜引发的事故 ·· 178

"我还小,不想长大。"
"长不大"的妈妈 ·· 185

"我想好好学,但不知道为什么听懂了却不会做作业,总也没有办法。"
我不知道怎么办才好? ·· 193

爱·陪伴·和谐·引导 ·· 202

"我喜欢黑暗,那是因为它黑,别人看不到我。"

我怕在阳光下行走

他叫文博,一米八的个子,上高二,一脸的文秀,见到我的时候会腼腆地笑一笑。可是他的母亲却告诉我,他三次将自己关在房间里,如狮子般在里面大吼大叫。

他告诉我他是自己主动要求看医生的,"他们帮不了我,我也帮不了自己,或许你们可以帮到我。"他的眼神里充满着期许和希冀。这是一个迫切需要帮助的孩子,对我有充分的信赖。果真,他毫无芥蒂地向我倾诉着自己所有的苦恼。

他告诉我:"我是奶奶带大的,父母都很忙,经常不着家。我小时候所在的大院里什么人都有,有几个大孩子仗着个头大,喜欢欺负小孩子。我本来就文弱,常常被他们欺辱,有几次被打得鼻出血,回家告状,父母因为太忙也没当回事,觉得是我调皮惹事。后来我明白了,只有自己保护自己。上了学,我的学习成绩一直很好,但是与同伴的交往上总是存在障碍,我说不出为什么。为了一点小事,我就会挥动拳头,每次打人我都好像无法控制。可能是我害怕被伤害,总觉得在别人伤害我之前先让对方失去伤害的能力是保护自己的一种方法。所以在与同学关系的处理上,我也常常运用这种方法。我发现朋友之间没有信任可言,当着面两人可以肝胆相照,扭过脸却将人贬得一无是处,甚至不忘在上面踩一脚。我过去很在乎别人的感受,处处为别人着想,但是后来我意识到在乎自己的感受更重要,因为这样可以不被伤害。我更喜欢与陌生人接触,因为他们不了解我,对我构不成威胁,而且我可以在虚拟空间里展现自己完美的一面,不被人发现,我喜欢这种感觉。如果是认识的人,我就会有很强的戒备心理。"

我插话:"你怕他们发现什么呢?""可能是因为我不认可自己吧!我觉得我有很多的问题,脆弱、敏感、退缩、回避。"他说。

"同学们是这样看你的吗?"我问。他说:"应该是,他们不愿意和我太亲近。其实更多的时候,我并不知道该怎样和他们建立关系,常常处在一种纠结的状态。如果我表现得热情和投入,我就会很在乎他们对我的丝毫感受,以至于常常受伤害。"

我表现出疑惑。他继续说道:"比如,我希望我的付出能得到相应的回报,我希望他们能处处在乎我,就像我在乎他们一样,可是最终我会被抛弃,他们又会选择其他的玩伴。所以我开始退缩,可能是保护自己不被伤害吧!"

我问:"你会很伤心吗,如果付出得不到应答?"他点点头:"其实我很在乎这些,在乎与人的相处,可能我在这方面就是有问题。"他的眉毛拧在一起。

我问:"你希望他们都听你的?"他沉默了一会儿:"可能是吧!我更害怕被拒绝。"随后,他补充了一句:"医生,我喜欢待在黑暗里,我害怕阳光!"

第二天我见到了文博的母亲，母亲穿着朴实，是一位普通的劳动妇女，看上去一脸的疲惫和困惑。她告诉我："他一直很乖，成绩很好，从未让我们操心，但自从上了高二以后，情绪上的起伏很大。我和他爸爸分析可能是因为上了高二，又是在实验班，压力过大。前段时间，他经常嚷着不想上学。他们老师对他很看重，经常找他谈话，可越是关注，他的压力就越大，成绩就越差，脾气也越坏。其实我和他爸爸对他没有要求，可能是他自己想要好。"母亲看事情更多的是归于学习的问题。

她继续说道："初一的时候孩子曾瞧不上自己的班主任，非要调班，我们没有依从他，打那以后，他就不怎么和我们讲话交流。他就是这种性格，凡事都要顺着他，不顺他就犯毛。"妈妈叹了口气，继续说道："自从上了高二，他就会为鸡毛蒜皮的小事和我们发脾气。一次放学回来，他要喝水，我让他自己倒，他就跳起来和我大吵大嚷，然后把自己锁在房间里，拉上窗帘，在房间里大吼大叫，那叫声歇斯底里。我和他爸爸又气又恨，但又不敢吭声。没多久，他从门缝里塞出一张纸条，上面写着我们如何不关心他、不理解他。可我们敲门他又不开，他爸爸一跺脚准备出门，他又像发了疯一样从里面冲出来，对我们叫嚷，说我们没把他当儿子、自私冷血。我们被他折腾得不知道该怎么是好，我不明白现在的孩子怎么这么难教！"母亲一脸的忧郁，无可奈何地叹气！

我问："你和他谈心吗？知道他喜欢什么吗？"母亲看着我有些茫然："他早上6:30去上学，晚上9:30才回家，回家后就在自己的房间里做功课。再说，也没有什么可聊的，我们只管把他的生活伺候好，这不就够了？他喜欢什么应该是他自己的事。而且，他也不让我们碰他的东西,即使真谈起什么事,他也是非要和我们拧着说,只能听他,否则就和我们生气。所以我们也不愿意和他讲话,只要相安无事就阿弥陀佛了!"母亲一肚子的委屈。

许多父母对孩子思想成长并不关注,更多的只是停留在他们那个年代父母对他们的教养方式上,只是物质上的给予,精神上却毫无引领。几次的接触中,我发现文博偏好古典诗词,不太接受当下社会现代时尚的信息,内心敏感,多愁善感,需要与人交流,倾吐自己的感伤情怀,也需要人引领走出迷茫。但是因为他细腻阴柔,胆怯畏惧,害怕失败,加上兴趣爱好上与同学交流上缺乏共通,使他不知该如何建立健康的同学关系。同时他的父母丝毫不了解他的兴趣取向,无法给予精神上的关怀和思想上的疏导。在学校里缺乏共鸣,在家里又没有支持,即便父母关系和谐,也无法排解内心的惶恐和不安全感。父母只是停留在生活的打理上,忽略他的精神需要和情感关注。他后来用咆哮和违逆的言语,其实是故意来引起父母的重视,甚至将自己关在房间里搞出这么大的动静,都是希望得到父母的关注,而这说明文博对情感的渴望和长期严重缺失的安全感。

在交谈中我发现,文博更多地表现在交友方面的内心冲突上。与家人冷淡的信任关系,同样会投射到他在的社会小环境,他不知道该怎样与同学建立信任关系。在交友上的不自信、忐忑不安、过度看重,都让他无所适从,同学之间行为上的一点点冷漠他都会感知,成为一种伤害。此外,他的顺从、自卑、敏感多疑的心理让这种外在关系的建立变得更加谨慎,甚至演变成回避,以此保护自己不被伤害。一旦被疏远,他又会感到害怕,过度地指责自己的怯懦,与别人大打出手更体现出其心虚匮乏。而这些冲突都在负性思维的指引下变得更为激烈，最终表现出一些大的情绪爆发。

需要阳光，但却害怕暴露自己，喜欢黑暗是因为可以掩饰和安全，这也许是文博告诉我他喜欢黑暗的原因吧！他说自己喜欢躲在角落里，不被别人发现，但是看到同学们亲密，他又非常艳羡和嫉妒。他想要朋友，但却不知道该怎样拥有朋友。我曾经问他："你有过朋友吗？"他摇摇头："不敢有，因为怕疼。"他指指胸口。我告诉他："其实很简单，就像你遇见陌生人一样开始，告诉他你是谁。"

文博喜欢吉他，护士长小平带着楼下一位怀抱吉他的病友女孩来和他见面，护士长笑盈盈地对与他年龄相仿的小姑娘说："这周你们俩人一起练习弹首曲子给我听。"随后的事情变得自然顺利，俩人常常在病区花园里弹吉他，常常响起一串串欢笑。两个孤寂的心灵用音乐互相慰藉。

一天，文博主动来找我向我表达谢意，原本紧绷的脸变得松弛，嘴角向上微微翘起。我告诉他："你笑的时候很阳光。"他有些腼腆，但很快向我绽放了一个大大的笑容。

出院前一天，我听到他在和旁边的病友谈笑，表情真诚坦白，他的母亲坐在他病床对面的椅子上时不时地看着他。一道阳光照射在母亲的脸上，她正好抬头看向儿子，文博也望了望她，平和自然。

孩子的问题: 孩子缺乏安全感,无法与外界建立正常的关系。

① 安全关系的建立障碍和不顺畅。出生后父母不在身边,完全由是爷爷奶奶带大。

② 保护意识的错位。因为缺乏安全感,没有良好的心理保护机制,怕被伤害,与外人交往时,不合理地表现出紧张和对抗。

③ 敏感、胆怯、焦虑,造成心理上的戒备和对自己的质疑,导致行动迟疑、脆弱,或者冲动易感,习惯负向思维。

家长的问题: 主动教育和参与管理缺乏。

在孩子生长期没有建立良好的亲子关系,成长期没有主动参与沟通。忽视孩子各个成长期的思想变化,对孩子表现出的问题没有采取正确的解决办法,而是被动地听之任之,缺乏对孩子心理保护机制的维护。

本案例家庭教养模式属于权威型。

对于早期经验在儿童发展中的作用,弗洛伊德在他的《精神分析引论》中有一段经典的话:"我们往往由于注意祖先的经验和成人的生活经验,却完全忽视儿童期经验的重要。其实儿童期经验更有重视的必要,因为它们发生于尚未完全发展的时候,更容易产生重大的结果,正因为这个理由,也就更容易治病。"从中我们可以看出,儿童早期经验在儿童心理发展和人格发展中的重大意义。

这就要求我们对儿童要给予更多的关注,积极引导其潜意识力量,在自由和禁止之间寻得一条中庸之道,使儿童能够健康成长。一方面要用游戏等"宣泄"方法释放儿童潜意识能量,培养儿童健康人格;另一方面,利用"升华"的作用,让儿童正确地运用潜意识的能量到自我发展的正确轨道上。

① 毫无疑问,文博今天的问题与儿童时期的生活经历密切相关,被大孩子欺负,又不被父母重视和理解,在他幼小的心灵中留下了不可磨灭的创伤,内心架起了一道警戒线,对什么事、什么人都存在戒备心理。这也是他后来无法与别人相处、交友的根本原因。

② 家长要重视与孩子的相处,早期建立亲和的亲子关系,增强其安全感,完善保护机制,在帮助其建立和谐健康的家庭关系基础上,引导其适应和建立良好的社会关系。

③ 家长要了解孩子的心理特点,要相信孩子的话,不要想当然地认为小孩的话是不可信的、是说着玩的。及时正确的疏导或引导,对儿童心理成长至关重要。对儿童的敏感多疑要给予关注保护,改变其负向认知的思维方式,营造轻松和谐的家庭氛围,引领正确积极的认知,提高孩子自信和自控的能力。

躲在黑暗中,一个人总是孤单的;如果走向阳光,走出自己封闭的圈子,就不会孤单,能有更多的朋友。

"沉沉地睡去,我就没有了思想,也就没有了恐惧和痛苦。"

"变懒"的小伙

早上查房,见3床换了新面孔,样貌年轻,大概20多岁,身边的张医生告诉我这位是昨天下午才收入住院的。我看看了他,身材瘦小,衣服邋遢,头发似乎很久没有打理,已经打了结,显得凌乱。我目光投向他时,他马上低垂了头。我问他名字,他慌乱地躲闪着我的眼光,两只手相互揉搓着,嗫嚅道:"张平。"

我安排他10点钟咨询。10点20分,我听到门口有些响动,打开门他两只手插在口袋里侧身进来,并低着头坐在我事先准备好的椅子上。

我问他:"是不是总是迟到?"他一时怔住了,似乎被戳到了痛处,半天才反应,无奈地说:"是的,总是迟到。"

"是不是成了生活的一种习惯?"我又问。"是的,觉总也睡不够,一睡起来就迟了。每次都是因为迟到而换工作。"他的表情很痛苦。"我不明白为什么我什么事情都做不好。在餐厅帮忙会把盘子打碎,做搬运工会忘了戴手套和安全帽。总之,我什么也做不好,我一定有什么问题。你看我身体这么瘦小,没有力气,也许是哪里出了毛病?"他显得有些急切,大着胆子与我对视,但很快眼光又躲开了。

我问:"你什么时候会觉得自己有毛病?"他说:"我打电玩的时候,脑子里有一种可怕的东西钻出来到处乱窜,像钢箍卡住我,浑身难受。"

他停顿了一下,继续说道:"我的妈妈精神不好,父亲务农,我很小就没有人管,到了9岁才上学,小学时候我的成绩很好,但到了初中我就迷上了电玩,成绩下来了。老师说只要努力还是可以赶上的,我一开始挺有信心,又遇到一个心仪的女孩,却被女孩拒绝了。她觉得我个子小,没有男子气。从那以后,我觉得别人都瞧不起我,我也觉得自己讨厌,常常觉得自己和别人不一样。初二我就因为读不下去书辍学了。在外面找了很多工作,可是都因为我工作做不好被辞退。"

"你的父亲是怎样的人?"我小心地问。他说:"小时候他对我很凶,经常打我。现在管不了我,我对他没什么印象。不过最近有些奇怪,他说话温柔了,我反而不习惯,觉得他怪怪的,很难接受。"他脸上露出一种轻蔑的表情。

"你恨他?"我尝试让他说出来自己的委屈和怨责。"不,我不恨他,但也没有好感。"他很冷淡。

"你是不是觉得母亲的病遗传给了你,让你变得不正常?"我问。"我不知道,我就是讨厌自己,不喜欢自己。我什么都做不好,只要我做就会出事。我管理不好自己,自控能力和独立能力都存在问题。我不知道以后怎么办好。"他更加焦虑了,眉毛拧在一起。

"什么时候你会感到放松?"我问。"睡觉时候。我喜欢睡觉,我睡得很沉，经常会醒不过来，所以才会经常迟到。但我知道这样不好，这会让我变得很懒，懒得动，懒得吃饭，对什么都提不起精神。父亲经常骂我是懒骨头。"他显得很羞愧，不断地缩紧身体，似乎怕我看到他的脏衣服。

"你尝试过改变吗？试着规划自己的时间，安排好自己的生活？"我追问道。"我试过，但是很难，真的很难，每次都不行。"他又一次无力地垂下了头。

"其实你行的。你知道自己的问题，能想到看心理医生，说明你有是非观念。你叙述能力很强，条理清楚，你也很聪明，我的每次暗示你都明白，你只是缺乏行动的动力。没有问题，你可以好的，但需要积极配合我们的治疗。"我拍了拍他的肩膀说。他有些冲动，身体向前倾，眼睛里有了光彩，站起身的时候头下意识地昂了起来。

我翻看他的入院记录：张平，21岁，母亲有精神分裂症病史，父亲务农。近一年出现不想吃饭、嗜睡、讲话没劲、走路无力的状态，无法正常工作。因觉得自己瘦小，过度担心身体疾患，遂来心理科就诊。初步诊断为抑郁症。

张平的心理疾患来自母亲精神分裂症带给他的压力，他担心自己有一天会像母亲一样变成一个神经兮兮的人。这种潜意识的作用不断地在与人交往以及邻居惊恐的眼光里被暗示加强，越想做好却越会出错，每次的出错都成为他与常人行为举止不一样的依据。一次次叠加，一次次被证实，张平对自己失去了信心，内心里厌恶痛恨自己，或者痛恨这种可怕的基因。这种挣扎在他与外界的接触中不断上演，在这个过程中，虽然有过老师的鼓励，但学习成绩跌落的现实、女友的嫌弃和嘲讽、屡次工作误事被辞退的不堪,以及不良负面的冷酷体验,最终让他放弃努力,甚至连努力的想法都成为压力。他无力招架,蜷缩在自己的壳里,逃避现实。变懒的行为特征就是规避现实挫折的一种方式。张平思想上的无力导致行为的无力,出现懒得吃饭、懒得出门、懒得工作。嗜睡则可以让他完全避开现实的无望和意识观念上的纠结冲突,他甚至不愿意醒来。

在抑郁症患者中,变懒、嗜睡的行为是典型的临床表现。即便在平常人中,也会出现这样的行为特征,当发生现实冲突或者意外伤害时,常常为了躲开眼前的情境,通过选择睡觉来避开外界的纷扰,让自己在睡觉中屏蔽掉一切问题,获得一种轻松和解脱。只是,一般来讲,正常人会表现为暂时的屏蔽,但是对内心脆弱、敏感、自信心不足、自卑强烈、缺乏安全感的人来讲,选择这种方式后会成为一种习惯,产生依赖性甚至上瘾,继而变成病态的行为,通过暗示自己有病来获得别人的关注爱护,给自己寻找一个合理的借口,从而平复自己的挣扎。这种逃避,在有的人会转化成躯体化障碍,特别是敏感脆弱的青少年。

张平的性格养成源于家庭不安定的背景,母亲的精神疾患、父亲的粗暴教养方式,让张平长期处在惊恐不安的状态中,形成了他不安、自卑、敏感、脆弱的性格特点和负向意识的思维定式。他在成长过程中都是单兵作战,缺乏亲人和朋友的支持和呵护,几乎没有得到爱的养护。如果他的父亲能够及早地关注他的心灵,给予他爱的保护,那么张平不至于走到今天。爱是治疗所有心理问题的最好处方。因此在孩子幼小的时期给予爱和呵护是非常重要,

早期有充分安全感的支撑,孩子未来行走的步履才会强壮坚实。

　　张平习惯于负面思维定式,源于他的家庭背景。其实在我们生活中,有负面思维定式的不乏其人,但科学合理地把握好度是关键的心理阀门。负面思维定式过度夸大,会让人负重裹足,给自己不必要的压力和担心,产生过多负面垃圾,甚至会出现心理疾患。曾国藩的"尽人事,听天命"是一种非常积极的处世态度,帮助我们化解心理上困惑,以更平和顺应的态度面对挫折。

　　让我欣喜的是,张平的依从性非常好,而且他善于学习,经常会看看微信,读一些心灵鸡汤。他对自己的心理状况有认识,来医院之前,他就对父亲说了他必须要来看心理医生,否则他将来的生活就毁掉了。

　　张平入院后在医生的心理指导下症状不断改善,他尝试安排好每天的饮食和作息生活,从吃饭、运动、规律生活入手,不断地培养自己的主动意识和自我规划能力。三周后,张平有了明显改观,衣服整洁,头发蓬松,声音有力,目光不再躲闪,整个人充满了希望。

孩子的问题:孩子自我保护能力丧失。

　　① 混乱的家庭环境。精神病史的母亲、暴力的父亲,不安定的生活环境造成性格的胆怯,紧张,害怕,安全感丧失,保护能力丧失,对抗能力丧失。

　　② 多挫折生活事件。母亲的精神病史基因暗示,学习、恋爱、

工作等各种生活事件受挫,对自己的能力完全丧失信心,形成严重负向思维定式,自卑夸大。

③ 害怕面对,选择逃避,规避现实问题以寻求保护。

家长的问题:生活混乱,放弃对孩子的教养和管理。

不安定的家庭结构,复杂的生活背景,母亲有精神问题,父亲压力宣泄投射,增加孩子心理负担,造成孩子惊恐不安,心理缺陷。

本案例家庭教养模式属于忽略型。

心理防御机制(也称:自我防御机制、防御机制、防卫机制)(self-defense mechanism/defense mechanism),是弗洛伊德提出的心理学名词,是指自我对本我的压抑。这种压抑是自我的一种全然潜意识的自我防御功能,是人类为了避免精神上的痛苦、紧张、焦虑、尴尬、罪恶感等心理,有意无意间使用的各种心理上的调整。心理防御机制本身越原始(原始的防御机制是指童年生活经历所形成的防御机制,保护自己可以说是原始防御机制的本质),其效果越差;离意识的逻辑方法越远,则越近似于变态心理。在生理上,心理防御机制被认为可以防止因各种心理打击而引起的生理疾病或心理障碍,但过分或错误地应用心理防御机制,可能带来心理疾病。

逃避性防御机制包括:① 压抑;② 否定/否认/拒绝(承认或接受);③ 退行。这是一种消极性的防卫,以逃避性和消极性的方法去减轻自己在挫折或冲突时感受的痛苦。这就像鸵鸟把头埋在沙堆里,当作看不见而逃避一样。

袁主任点评

① 张平的病有一定的遗传基础,他表现出了抑郁症典型的"三低"症状,即情绪低落、思维迟维和运动减少。很多人会认为这个小伙子是懒惰,其实不然,他是生病了。他同时存在动力缺乏、精神运动性迟滞和负性自动思维等特征,均是抑郁症患者常有的临床表现。

② 具有患精神障碍高危风险的儿童,更需要一个平和的家庭氛围,需要社区和街道、学校对他们的成长给予更多的关注和支持。

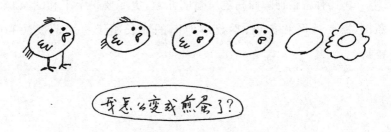

一个人懒惰的结果就是退化。这只小鸡,从有腿到没腿,从有翅膀到没翅膀,最终退化为煎蛋,成了毫无自我意识、任人主宰的对象。

"我看不起自己,是因为别人看不起我。别人看不起我,是因为我看不上自己。"

害怕上学的高中生

那天上午我四次接到同一个电话,电话另一端是一名家长正在纠结是否要把孩子送到心理精神科住院治疗。我非常清楚,作出将孩子送到精神科诊疗的决定对这一个家庭来讲有多难,所要承受的压力有多大。很多家长和孩子因为无法接受这个结果而放弃治疗,最终毁掉了一个孩子的未来。

他们终于还是来了。父亲看上去非常健硕,很善于言辞;儿子段瑞虽然个人很高,却低着头,我几乎看不到他的脸。我让他们先住下,第二天约谈。

约谈前一刻钟段瑞的母亲走了进来,她胆怯地凑近我的耳朵。"这孩子昨天自言自语的,不想和你们谈,晚上睡觉一直翻来覆去。你们跟他谈时看他情绪,好了就多谈些。"她小心地叮嘱着。我看得出她和孩子的沟通存在问题。段瑞低着头进来了,我让他坐近些,他反而向后退了退。

我问道:"昨晚睡得好吗?"他不吭声。

我又问道:"你觉得哪里不舒服吗?"他来回地搓着手。我站起身来,给他倒了杯水。

"我听说你复读了一年高中,初中的时候学习成绩很好,考上了重点中学。你上一次期中考试在班上第几名?"我问。

"第二名。"他顿了一会答复道,头稍微抬起来,我发现他脸上和额头的青春痘密密麻麻。他父亲曾告诉我他很在意自己的形象。

"很不错。"我回应道。

"我都学第二遍了也才考了第二名。"他鼻子里哼了一下,似乎并不满意,眼睛始终不看我。

"喜欢上学吗?"我问道。他又陷入了沉默,双手搓得更加厉害,眼神不断地逃避。

我连忙转移话题:"什么时候开始睡不好的?"他念诺了半天:"初三时。"

"经常很晚睡觉吗?"我问。"10点上床,但要到凌晨三四点钟才能入睡。"他答道。

"所以早上起不来,就迟了?"我接着问道。他点点头。

"迟了就不去上学了?"我又追问道。他更紧张了,闭紧了嘴巴。他很封闭,自卑心理很重。

我意识到如果没有信任的基础,继续谈下去的效果很差,我拍了拍他的肩膀:"我们会让你好起来的,你放心。"他连忙起身,像是在逃跑。

我联络了段瑞的父亲。父亲善谈,说话很有激情,能够掌控局面,是某公司的负责人。他告诉我他和妻子因为工作关系长期分居,孩子是由爷爷奶奶带大的,上小学时在外地,后来又跟着母亲到了T县上学,没多久又回到老家读书。孩子小时候就比较内向,不太愿意和人交往,学习成绩一直在班上处于前列,就是性格上有些闷,没有什么朋友和特别的兴趣爱好。

段瑞的主要问题是不愿意上学。初三的时候就因为迟到而缺过课,到了高一,这种表现更为严重。他父亲告诉我:"每天起床就是一个灾难,我要叫醒他很多次。他做事速度很慢,而且你如果着急了,他的情绪就会更加暴躁。前段时间,因为我多喊了几声,他一拳将门砸了个洞。只要稍微迟了几分钟,他就放弃上学,似乎是害怕引起老师和同学们的注意。他非常害怕单独暴露在众人的视线下,因为考试成绩优秀,老师曾安排他上台谈体会,他竟然一个字也没说出来,回家后将自己关在屋子里,不吃不喝两天。最近这段时间,段瑞的情绪更加激烈,经常和母亲吵架,稍有不满意就会大发雷霆。要不然就将自己关在房间里,谁也不见。我知道他心理有病,但是又不敢带他来看医生。我让一位心理精神科的朋友给他吃了些药,他觉得有效,再加上我不断地说服,他才同意来住院。"

这是个极端自卑的孩子,精神上非常孤独,没有依靠,性格基础内向、固执。在不断转学的过程中,内心的惊恐和惶惑并没有得到家人及时的关注和支持。特别是在幼儿园的时候,因为说话有方言,与同学语言交流不畅,产生自卑情绪。而此时父母过于专心工作,缺少对孩子情感的投入和保护,助长了他内向自卑性格的形成。爷爷奶奶隔代教养,毫无原则地过度溺爱,一味地施予,给予超额满足,让孩子任性泛滥,毫无自控力和约束力。正是这样的长期教化,孩子情感淡漠,缺少与父母的情感交流和沟通,没有及时建立正确的自我完善评价体系,在各个成长的关键期没有得到引领和塑造，导致出现情感收放障碍和与人交往的问题。

段瑞在很小的时候就没有朋友，同学聚会他不积极，因为总是不参加，同学就不再叫他，他的朋友圈越来越小。平时他与同学相处很少说话，表现得比较孤傲，生怕暴露自己的缺点，而越怕就越不愿接触外人。在出现问题的时候，父母亲没有及时出现，而爷爷奶奶又缺乏教养的知识，造成他性格上的蛮横和任性。母爱的缺乏，让段瑞在感情上比较冷漠，而对父亲则常常表现出一种复杂的情绪。父亲对孩子的评价过度地放在学习成绩上，常常将周围别人家优秀的孩子挂在嘴上，给段瑞的心理造成压力。而父亲的行为做事方式，以及人脉的发达，同样给段瑞造成压迫，形成对比。父亲原先常常带段瑞与朋友吃饭，但大相径庭的两种性格，让敏感的段瑞感受到周围人异样的眼光，更加深了他的自卑。

在自卑的同时，段瑞对自己又有很高的要求。父母亲的评价体系、学校对成绩的倚重，让段瑞只有通过成绩来证明自己的价值。在考入重点高中后，周围优秀生的氛围和繁重课业的压力让他力不从心，段瑞坚持选择复读，是一种逃避也是一种调整。但是无论怎样努力，他只是取得第二名的成绩，本身的不自信和对自我过高的要求让段瑞倍受打击，进入休眠期。一旦习惯了逃避压力，人就会上瘾，将自己蜷缩起来，回避现实矛盾。

一周后，我来到他床边访谈。段瑞见到我依然表现得局促不安，但是已经可以抬头看看我，眼神的慌乱不再明显。

我与他聊天："管床医生说你睡得不错，还经常和父亲打球。"他没有回答。

"喜欢这儿吗？"我问。他点点头。

"下面的计划我们需要你配合,这样才能更好地帮你。"他竟然努力点着头,眼睛在我脸上停滞了一会儿。

"我能好吗?"他胆怯地问。"当然,你现在是不是好多了?"我应道。

"是,现在睡得很好。爸爸也很体贴,天天陪着我。只是我担心会跟不上学业。"他难得说了这么多。

"那就争取尽快出院。"我说。"那我出去后又不好了,怎么办?"他跟进道。

"你觉得哪儿不好?"我问。"我会发脾气,心里不舒服,而且睡不着,还——害怕上学。"他终于喃喃地说出这句话。

"为什么害怕上学?"我抓住症结问。"因为害怕老师和同学笑话我。我也不喜欢自己,觉得他们用异样的眼光看我。"他回复道。

"这是你自己的感觉还是他们的感受?你问过他们吗?"我问道。他迟疑了一会儿:"我也不确定。"

"那为什么老师选你发言,是故意让你丢人吗?"他想了想:"不是,老师对我还不错。"

"那同学呢?"我问。"是我不爱理他们,喜欢一个人。"他说道。

我引导他:"这么说原先的这些都是你的想法,而不是别人的想法。问题是你怎么评价自己。"他好像有些困惑。

"如果你相信自己,尝试做出一些改变,学会认同别人,放松自己,会不会好一些?"我说道。他不再说话了,把头埋得很低。我感到他自卑发作,又开始审视自己在我的内心中的地位。

我教了段瑞父亲一些方法,告诉他段瑞要想重新获得自信、摆脱自卑心理,唯一的方法就是修复亲情关系,用父母亲的包容和爱来获得他的信任,在他们的生活空间里拥有一份地位。这是一个非常漫长的过程,需要父母全身心的付出,完全地给予他可靠安全的环境,让他放下压力,引领他建立正确的评价系统。

一个月后段瑞出院了,临出院前他告诉我,他在这里住院时很舒服,他想好好上学,补上功课。

家庭教养模式分析

孩子的问题: 自我否定,回避问题。

① 缺乏稳定的情感投入。情感的养护游移不定,造成安全感缺失,形成内向自卑的性格。

② 自我否定,怀疑自己。自我要求较高,达不到标准,质疑厌恶否定,形成强烈内心矛盾冲突。

③ 任性放纵,缺乏自我管理和约束能力。爷爷奶奶过度宠溺,父母的管理缺位,导致其固执偏执,为所欲为。

④ 面对问题选择逃避。为寻求安全,害怕突破,不敢与外界交流,敏感多疑,封闭自我。以父亲为示范,但又自卑畏缩。害怕上学,习惯逃避,回避现实压力。

家长的问题: 孩子成长过程中父母的缺位。

母亲的参与管理较少,情感培养投入不足,没有建立良好的亲子关系,只能观望无助。父亲对家庭的责任以及对外界的掌控,符合孩子内心的追求,原本可以利用对其的崇拜而加强沟通,但过多忙于事务,重视分数,反而增加孩子内心矛盾冲突。爷爷奶奶的教化过于宠溺,失去原则,导致孩子缺乏责任和分担意识。

本案例家庭教养模式属于忽略型。

心理咨询师的话

按照个体心理学派阿德勒(A. Adler)的理论,自卑感在个人心理发展中有举足轻重的作用。阿德勒认为,每个人都有先天的生理或心理缺欠,这就决定了人们的潜意识中都有自卑感存在。每个人解决其自卑感的方式,影响着他的行为模式,许多精神病理现象的发生与对自卑感自理不当有关。

在心理学上,自卑属于性格的一种缺陷,表现为对自己的能力和品质评价过低。一个人形成自卑心理后,往往从怀疑自己的能力到不能表现自己的能力,从怯于与人交往到孤独地自我封闭。本来经过努力可以达到的目标,也会认为"我不行"而放弃追求。他们看不到人生的光华和希望,领略不到生活的乐趣,也不敢去憧憬那美好的明天。

袁主任点评

① 父母早期的角色缺位,对段瑞的胆小、自卑、退缩的性格形成有一定的关系。父母要全过程参与孩子的成长发育过程,帮助其构建安全保护体系,让孩子与家人及外界建立健康良性的关系。

② 家长要关注儿童成长过程中遇到的各种看起来"不起眼"的生活事件,及时给予疏导。往往这些在家长看来的小事情,可能是孩子后来出现的心理障碍的根源。

③ 避免宠溺导致的任性和放纵,对其行为给予合理的规范。

④ 对自卑、固执、敏感个性的孩子,要投入足够的耐心,给予正确的认知引导和心理呵护支持。父母要帮助孩子参与社会生活,在社会活动中寻找机会,磨砺他的性格,让其学会承受压力,积极进取。

小鱼召唤青蛙下河游泳,但青蛙拿"我不是鱼"来搪塞别人、欺骗自己,是因为它不认同自己,瞧不上自己,害怕暴露缺点,胆怯自闭,又总不愿意做出改变,用自己错误的认知和评价去看待周围的事物。

"我知道在我身体里有个野兽,我要把它抓出来,看看它的模样。"

浑身不舒服的大男孩

王文今年18岁,给我的第一印象是文秀,皮肤白净,眼眉秀气,但却透着一丝慵懒。我问诊的时候,他显得局促,眼神张皇闪烁,两手不停地抓着衣角,但还是鼓起勇气告诉我自己浑身不舒服,好像是得了大病。让他最为困惑的是,各种检查结果都显示他没病。他试图得到导致他所有症状的原因,甚至希望能在身体上打个洞,看看究竟发生了什么。当我告诉他这是心理出了毛病时,王文的眼神里充满了迷惑。

王文告诉我,他打工半年多挣取医疗费,就是为了看好这个病。王文初中没毕业就辍学在家,家是农村的,有个姐姐。王文十六岁就开始在外面打零工,但都干不长久就回家了。去年开始,王文莫名地会出现头痛、胸闷,后来发展到腰痛、腹痛,浑身疼痛,身体常感到疲倦乏力,听力下降,眼睛发花,无缘无故地手抖,严重的时候会全身抽动。他曾经去过多家医院检查,但都没有查出明确的脏器问题。可是王文觉得这些症状都是确确实实存在的,不是他臆想出来的。这严重影响了他的生活。

根据他的表述，我们对他进行了心理评估测试，测试结果表明王文的焦虑和抑郁分值较高。

入院后，王文非常配合，求治心理强烈，经过药物和辅助物理治疗之后，王文的躯体症状有了一些好转。王文大多数时间是在病床上睡觉，很少与人交流。我曾看到室友与他聊天时，他眼神慌乱，脸色绯红，紧张和害怕写在脸上。室友放下话题后，他才如释重负，躲进被窝里。但是与护士和医生交流时，他则显得主动，他将自己各种症状的体验详细记录下来，包括疼痛到处游动、胸部像压了一块石头等，每天的记录都很翔实，他似乎想让我们理解他所受伤害的深刻和所经受的痛楚。

一周后，王文觉得自己的疼痛症状又开始回潮，他的记录越来越密集，且联想越来越多，表现越来越焦虑，对来探望他的姐姐大发脾气。

我约谈了他，18岁的小伙发育得更像是16岁，一脸的稚气和胆怯。我让他详细介绍一下他的症状，他说得非常细微。他告诉我："这种疼痛像蛇一样吞噬你，它会游动，一会儿在脑子里，一会儿又会跑到肚子里。它让你全身发冷，血液不流动了，好像要死了一样。"他觉得自己是身体有病，不是精神上的问题。

我让他追述病史，他极力回想。他说自己上六年级的时候，因为调皮被老师罚站，但不知道什么原因，罚站时突然晕倒了，醒来的时候听到了孩子的哭声，可是周围并没有孩子，从那以后他就很怕小孩子的哭声。之后他常常会感到疲倦，上课坐不住，浑身瘙痒酸痛，无法专心读书，上到初二就退学回家了。在家里晃了两年，就被亲戚介绍到一个饭店打零工，主要是传菜，很简单的活却总也做不好,本该是2号台子的饭菜,却误传到其他台子上。因为送菜常出错,就换成洗盘子,可不是摔了盘子就是放错了位置,挣的钱还不如扣的多。

"我也不知道自己是怎么了,好像什么也干不好,总是感到害怕。有一次排队领工作服,我正吃着东西,快轮到我的时候,就开始紧张,不知道应该是把吃的东西扔掉呢,还是用手去接?结果东西全掉在地上,当时我真想找个洞钻进去。"他无助地看着我。

我问他是不是经常会紧张,他点头道:"我从小就害怕见人,见到陌生人就会发慌、心跳加快、手足无措、头皮发麻。到超市买东西,轮到自己付费时就会结巴,说不清楚,害怕自己买错了东西,越害怕越出错,结果什么事都做不好。"

我问:"你感觉别人在看你?"他说:"当时不敢抬头,应该是吧,觉得我好笨!"

我继续问:"你确定自己看到或者听到别人这样说你了?"他迟疑了一下,说:"没有,我很快躲开了。"

我问:"然后就不断地回忆当时的经过,自责自己的行为,觉得无地自容,是吗?"他看着我,点点头,继续说:"我做什么事情都会害怕,会想很多。前段时间想学厨师,但又担心厨师这手艺好不好学?能不能考上?考上了能找到工作吗?找到工作后会不会很累?会不会又出错?总之我每天都会想很多,脑子都快想爆了,但我又停不下来。后来为了驱赶这些想法,我就让自己睡觉,睡得昏天暗地。"

我暗示道:"然后你就感到自己不舒服,身体发软,四肢无力,眼睛发花,听力下降?"他努力思索了一会儿:"后来,我就觉得自己的身体出毛病了,不听使唤,不想吃饭,皮肤发痒,头痛,脑袋里好像里面有千万个针,一跳一跳扎着你,再后来全身都疼痛。"我发现当王文描述自己身体感受的时候,他变得很兴奋,几乎每一个细节他都反复地强调,以便我能理解他的感受和体验。

他又绕回了原来的话题:"我还是身体的问题,一定是身体里有什么东西。"然后他求救似地看着我,问:"这是什么病?"

我问他:"害怕的时候你什么感受?"他仔细地体验:"紧张,无法呼吸,头皮发麻,四肢还会发抖。"

我告诉他:"这就是情绪引发了身体的症状。"他似乎有些理解,但还是将信将疑。

我转而问起他父母的情况,他表情很淡然。他告诉我父亲的性格也很懦弱,但在家里很暴躁,经常和母亲吵架,在外面却胆子很小,谨小慎微。他和父母的关系很差,母亲在外面打工,父亲在家里务农,很少管他们。父亲对他很凶,有一次出去玩,他把胳膊摔脱臼了,父亲就把他关在房间里整整三天。他觉得父母太狠了,一点也不关心他。

我问他有没有朋友,他说自己从小就腼腆,不喜欢说话,没人愿意和他玩。他有一次去商店拿了东西没给钱,被人抓住后狠狠揍了一顿。这件事后他更怕了,总觉得所有人都在指责他,所以见人就躲着,特别是陌生人。

他说:"自己单独待着的时候,我才觉得安全,与人在一起我就紧张。"我反问他:"你并不怕我们,不是吗?"他想了想,说:"因为你们是医生,我需要你们的帮助,我需要你们能了解我,帮我解决这些问题。"

他继续说道:"其实我坚持了半年的时间打工挣钱,就是想解决这些问题。"

我问道:"否则呢?你会坚持打工吗?"他回答说:"坚持不了这么长的时间,遇到事情早就躲起来了。比如一被骂了就不干了,一被人说了就逃回去了。"他羞愧地看着我。

我拍了拍他的肩膀:"为了看病能坚持,说明你还是可以克服自身障碍、处理好人际关系的。这样下去,不久就能遇到女孩子,还能谈恋爱、结婚生子。"他看了看我,有些兴奋:"我真的可以吗?女孩子能看上我吗?"我鼓励他说:"你能养活自己,并尝试改变自己,就证明你有这个能力。"

王文缺乏安全稳定的家庭环境,母亲务工在外,父亲对他粗鲁暴躁,且父母之间经常有冲突,常常拿王文出气,他自小缺少关爱支持。王文性格秉承父亲,胆小怕事,但在家里又很任性。幼时几次经历的事件,加上父母的粗暴对待,给他心灵留下了创伤,让原本性格胆怯的他更加拒绝面对,而选择逃避。自卑的心理扭曲了他的认知,在遇到问题时更多的是自责,负向思维思考,鄙视自我,夸大事件的恶性程度,并深陷其中。越是关注自己,越强化自己的行为,导致强迫症状的发生,反复洗手,不自信,害怕出错而反复验证,内心张皇,情志高度焦虑,引起植物神经功能紊乱,出现一系列的躯体化症状。这些症状被他不断夸大和暗示,强迫关注,恶性循环,不断累积,最终导致身心灵均无法承受。如果不进行及时干预,甚至还会出现其他心理问题。

王文学历低,没有什么兴趣爱好,但是基本的认知还是有的,当自己出现问题时,能够在经历迷失后找到积极因素,这可能和他姐姐的支持和帮助有关。决定打工赚钱治病,一方面说明他对解决问题的期望值很高,内在正向动机有活力,另外也说明他能接受正面辅导,有正确的认知,是可以通过改变认知进行相关心理疏导,有依从的态度和治疗的可能。所以通过一些心理辅导和心理援助,增强正向思维的引导,接受正向支持,转归治愈的机会很大。

三周后,王文的很多症状陆续消失,认可身体各种不适是心理的问题,不再缠着医生问病在哪里。虽然王文见到我时还是有些腼腆,但是说话逻辑性和条理性明显增强,说明他与人交流的机会多了,此外眼神不再张皇,两手自然放松,表情正常,语言流畅,听不到不均匀的呼吸声。他出院的时候,握着姐姐的手,很自然,很放松。

家庭教养模式分析

孩子的问题: 社交障碍,社会功能低下,强迫思维。

① 社交障碍,缺乏家庭关注,情感支持不足,家庭安全关系不稳定,产生惧怕和恐惧心理。

② 情志上敏感,易受暗示,思维奔逸,负向思维定式,强迫思维,夸大感受。

③ 社会功能差,心理极度焦虑,导致身心灵不统一,出现躯体化症状。

家长的问题: 参与孩子生活和情感管理不足。

毫无教养知识,简单粗暴,甚至将自己的情绪发泄在孩子身上,导致孩子敏感、胆怯,恐惧,缺乏自我意识,认知上错位,回避现实世界。

本案例家庭教养模式属于忽略型。

心理咨询师的话

美国心理学家戴安娜·鲍姆林特(Diana Baumrind)通过"响应程度"和"要求程度"两个维度,把家庭教育模式分为四类——权威型、专制型、放任型(即溺爱型)、不作为型(也称忽略型)。

忽略型的父母对孩子不很关心,他们不会对孩子提出要求和对其行为进行控制,同时也不会对其表现出爱和期待。对于孩子,他们一般只是提供食宿和衣物等物质,而不会在精神上提供支持。在这种教养方式下长大的孩子,很容易出现适应障碍,适应能力和自我控制能力往往较差。

整体而言,在孩子小的时候,父母应该对其多给予爱和关怀,并且在这时,应更多地控制孩子行为。当孩子长大一些的时候,父母应及时听取孩子的想法,对于孩子自己的事情,要多和孩子商量,共同制订合适的解决方案。

袁主任点评

① 很显然,这是一个躯体化症状明显的少年,看起来好像存在多种躯体不适,但各项检查均未能查出具体原因,其实这是一种心理问题的躯体转化症状,根源在心理。

② 患者本身的性格特征也与疾病的发生有关,他多疑敏感的性格,将一些轻微的躯体症状夸大了,时间一长,就将症状固定下来,形成了经久不愈的"顽症"。

③ 患者存在焦虑、抑郁、恐惧、强迫、躯体化等多种症状,作为家长不要一味地去责备孩子,认为是没病装病。患者自身是非常痛苦的,要理解他们,及早就诊是关键。

小熊内心自卑,夸大负向暗示联想,不相信自己其实是非常健硕高大的,所以面对镜子中的自我形象并不认同,而是怀疑,不敢面对真实的自己,暴露了它的不自信。

"我喜欢我的虚拟世界,因为它可以包容不真实的我。"

不敢去面试的大学毕业生

一个本科毕业一年的学生,每每走到应聘单位的楼下,竟然绕上10来圈也不敢进门,最终放弃。这是我见到的又一位存在社交恐惧焦虑障碍的大学生——小袁。

从西北来到我市,行经了漫长旅程只为了给孩子找到希望,父亲满脸愁容,急切地向我述说着孩子的情况:"孩子一直很乖,从小没让我们操过心,他就喜欢待在家里,不愿意出门。我们的生活也很简单,从未发现孩子有这样的问题。直到去年母亲生病,我带他去医院探望,他走到病房门口就是不进来,我催促了半天他才很迟疑地走进来,因为来来往往都是医生,我们没顾上管他,后来竟发现他蜷缩在屋角里,脸色苍白,手心里全是汗。"

母亲对我说:"这孩子跟我们话也不多,从不忤逆,我们说什么他都很顺从。高中的时候我们把他转到离家较远的T县的一个重点学校。为了照顾他,我本打算陪读,特地租了一个房子,但后来家里有变故,他就一个人住一个两室一厅的房子。他每天一个人待着,我现在觉得这导致了他性格内向,如果让他去住学生宿舍,和同学们在一起，也就不会造成他现在这个孤僻的性格。"我一直注意听着，没有打断他。父亲在旁边时不时会叹气，一脸的凝重。

"他后来还遇到一次打劫，被人骗到胡同里，虽然最后打劫的人什么也没抢到，但那次回来后，他就更不愿意说话，也不愿意出门了。"母亲愧疚地低下了头，继续说："这一年他一直住在一位亲戚那里，说是和朋友一起找工作，但是一年过去了，也没见到他有什么消息。来医院之前，我去见他，他和我在路上走着走着就大叫起来，声嘶力竭地喊。我后来镇静下来安慰他，他告诉我自己心里难受，憋闷得慌。我告诉他任何事情妈妈都会陪你一起度过。当天晚上他对我说想找心理医生看看，他觉得自己社交障碍，害怕见人。这一年来他没有做任何努力，每次鼓足了勇气去应聘，最后都败下阵来。他在网上查了说是心理疾病，吃些药就会好，还安慰我不要担心。"

爸爸在旁阴沉着脸，时不时地皱着眉头，甚至站起来踱步以缓解压力。我示意他坐下。

"我们该怎么办？我无法理解这种性格怎么会是心理疾病，这孩子平时都乖得很，从不淘气，这到底是怎么了？"爸爸按捺不住自己的焦虑和困惑。

这是一个很权威的父亲，从没有好好地审视过自己的孩子，对孩子早期的一些反常表现并没有引起重视，用他的话说："我也是这种性格，我怎么就没事，而且还当上了工程师？"我没有正面答复，与袁斌的交谈才是了解全部原委的关键。

袁斌见到我们并没有紧张，相反非常地松弛。他衣服上有股味道，头发很久没有打理，但眼神中透出闲散和淡定。我询问他的情况,他也并不保留,一五一十和盘托出:"我害怕见人,一见到陌生人就紧张,特别怕与几个不相干的人在一起,有要死的感觉,只想着逃离。"

我问:"与同学一起呢?"他说:"自己熟悉的还行,不太熟的会怕,就想躲着,不让他们注意到我。"他继续解释道:"如果几个同学在一起,没人说话,我会感到紧张,手脚冰凉,心跳加快。"

我又问道:"老师提问怎么办呢?""我不会说话,也从不上台说话,几次下来,老师就不管我了。"他答道。

"你觉得是什么时候开始的?"我问。他想了想:"大概在高中就开始了,那段时间我患上了严重的鼻炎,总是打喷嚏,鼻涕稀里哗啦,我恨不得钻进抽屉里,不去见人。"

我继续问道:"同学笑话你?"他苦笑了一下:"也没有。我就是觉得自己一个人很舒服、很自由,我喜欢这种感觉,不愿意被破坏。其实我从小就这样。后来老师按成绩排座位,我更愿意坐在后排,不被人注视。"

我迟疑了一下:"所以你的成绩就下来了?"他点点头:"老师不管,自己自觉性也差。"

我问:"什么时候你觉得严重了?""上了大学,我不愿意上课,能不去就不去,除非这门课要挂科。我们大学自由得很,老师不管。"他答道。

我转移了话题:"想过以后怎么办吗?结婚生子怎么办?"他盯着天花板看了一会儿,然后说道:"对于谈恋爱和结婚的事,我只能一次成功。"

"否则会怎么样?"我跟进问。"反正只能一次成功。"他说。

我又问："那工作呢？""也只能一次成功！"之后他便不再多说。

我站起身子，拍了拍他的肩膀，说："你与我们在一起时好像一点也不紧张？"他立即回道："因为你们知道我有问题，可以接受我、理解我。"

我问道："那你的父母呢？他们理解接受你吗？"他低下了头，有些纠结："我来看心理医生，也是为了他们，我与他们很少沟通和交流。他们并不完全理解我，什么都随着我。他们无力去改变我，我也无力改变自己。"

我问："你想改变吗？去面对你今后的人生。"他很排斥地将椅子向后挪了一下，说："我不知道，但我没有办法。"

我继续问道："如果父母不是一直逼着你，你会不会就一个人待下去。"他看了看我，没有回答，随后两手一摊："父母很难办！"

社交恐惧症（social phobia）又名社交焦虑症（social anxiety），是一种对任何社交或公开场合感到强烈恐惧或忧虑的精神疾病。患者对于在陌生人面前或可能被别人仔细观察的社交或表演场合，有一种显著且持久的恐惧，害怕自己的行为或紧张的表现会引起羞辱或难堪。有些患者对参加聚会、打电话、到商店购物或询问权威人士都感到困难。

袁斌所在的家庭比较封闭，父母经营一家工厂，几乎没有时间顾及孩子。袁斌的父亲刻板、严厉，母亲情感冷静、事业心强、家庭投入不够。由于继承父亲的性格，袁斌幼时表现比较顺从安静，加上家里常常是独自一人，与他交流更多的是网络游戏。他在二次元的世界里享受着成功的欢愉，自我欣赏和自我陶醉。这种习惯已经成为他生活的一部分，并沉迷于此。袁斌的父亲告诉我袁斌大学的时候就出现了上学障碍,不愿意上学,曾经休学半年,后来父母托人相助才勉强毕了业。毕业后在外地游荡半年,家人联系好实习点,他干了2个月就逃跑了。从袁斌成长的轨迹上可以看到太多父母包揽的痕迹,从小到大出现任何问题,父母都会将事情处理好。袁斌从未有机会自己面对问题,更谈不上自己解决问题。父母给予过多的保护,让孩子变得阴柔和萎靡,越不敢尝试,越没有信心。他在婚姻和恋爱上表现的退却,意味着他害怕失败,不敢接受这种结果,也不愿意承担这种责任。

我曾经安排了心理治疗,但袁斌完全没有治疗的欲望,懈怠地应付,这让我对他此次来院的目的产生了疑惑。在与他的进一步接触中,我感到他更愿意接受他的心理问题,似乎希望有这样一个"帽子"来回避父母的责难和自己的社会责任。他甚至表现得过度颓废和阻抗,只要得到一个心理标签作为托词就可以再次回到他安全的虚拟世界中,过着不受纷扰的安逸生活。

我深深地记得他父亲克制着痛苦在我面前焦虑地踱步,他母亲额头细密的皱纹和忧伤的眼神,他们原本想要给孩子一个没有挫折和烦恼的美好世界,但却最终让他一味地沉浸在安乐中,失去了创造美丽世界的能力。他们何尝想到过度的保护会酿成一杯苦酒,要自己吞下?

袁斌的情况并没有太大的好转,原因是他自己接受这样的结局,就像他自己说的"我不想改变"。袁斌出院的时候,他母亲怯生生地问我:"我们是否可以找好一个工作,先给他干干?"我不知道该怎么回答,他们原本以为孩子长大自然会好,但是没想到他们只能没完没了地打理孩子的未来,没有尽头。他们已经习惯了这种选择,现在仍被迫不得不再次选择,而他们的孩子恰恰很好地运用了他们的无奈选择,并一直牵制着他们去逃离他自己的责任和义务。

谁是谁的原罪?面对结局,谁都不会承认。

孩子的问题:社交恐惧,回避现实。

① 社交恐惧。父亲刻板严厉,孩子胆怯顺从。家庭封闭,社交实践缺乏。家庭关系冷淡,缺少情感投入和关注。

② 创伤性应激障碍。缺乏良好的家庭沟通基础,对外界关注和应急处理能力脆弱,发生问题后没有及时进行疏导和安抚,导致恐惧和抵触现实世界,隔离封闭。

③ 网瘾。生活、学业、外交挫败,自信力不足,为寻求内心的平衡,转而通过虚拟世界获取自我成就和满足。

家长的问题:父母刻板的生活方式、机械平淡的家庭氛围、没有变化的生活态度以及家长式权威,导致孩子性格上胆怯、恐惧,害怕接触外界,遇到问题没有支持,更加退缩畏惧。

父母过度保护,导致孩子自我解决问题能力丧失,回避现实世界的压力来获取保护,害怕失败,无法承担责任和义务,遇到问题就退缩,甚至借口心理疾病以逃避社会责任。

本案例家庭教育模式属于过度保护型。

溺爱型的父母对孩子表现出很多的爱与期待,但是很少对孩

子提要求和对其行为进行控制。在这种教养方式下长大的孩子,容易表现得很不成熟且自我控制能力差。一旦他们的要求不能被满足,往往会表现出哭闹等行为。对于父母,他们表现出很强的依赖性,往往缺乏恒心和毅力。

教育孩子要让孩子懂得约束与权利,懂得最根本的正义与非正义,这些也需要孩子在成熟之中逐渐获得,也就形成了正确的引导过程。关于如何引导,这就要求家长必须具备足够的素质,如正确的观念、正确的公正行为以及相对较复杂的辨别是非的能力。

① 我们强调要重视儿童青少年成长过程遇到的一些重大生活事件,这些事情看起来好像当时并没有造成当事人多大的情绪反应,但常常会是造成他们将来出现情绪问题的直接诱因。因此,及时疏导至关重要。

② 父母要注重情感投入,营造良好的家庭氛围,开放社会交往渠道,增强孩子的社交实践能力。

③ 家长密切观察,及时把握孩子成长阶段的思想变化,发生问题及时干预,关怀支持,给予正向引导。

④ 家长适度放手,让孩子构建稳健的适应机制,学会承担责任和义务,切勿包办,助长放任。

奶牛已经忘记了自己产奶的责任,而只会一味地喝奶。父母一味地溺爱下的孩子,通常也只会被动接受,却毫无创造和产出的能力,忘记了自己所要背负的责任。

"小时候我的路是直的、平坦宽阔、看得到底;长大后,我的路是弯的,不知道会通向哪里。"

我读书是为什么?

她坐在床沿边,眼睛望着窗外,她的父母在角落里叹气,她没有理会,一动不动,像座雕像,似乎这个世界都与她无关。

她叫小叶,是医学院一名研一的学生,因为一个月前出现情绪低落、失眠、食欲降低前来就诊。她来就诊已经多次了,我的助理小张一眼就认出了她。她的眼光闪烁不定,坐下来都用了很大的气力。

她告诉我她是本部医学院的研究生,似乎是给自己增加底气。我顿时心生怜爱,问她:"我能帮你什么忙?"她说自己感到疲惫,对什么都没有激情,不喜欢现在的学习生活,感到压力很大,害怕与人接触,最后说了一句:"活着不知道为了啥。"

她的心理评分量表显示有抑郁状态。我之前诊治的病人中还没有一个是学医学专业的,因为这个领域里的人相对更加理性和客观,但我非常清楚医学专业学生的不易,他们所承受的心理压力更重,心理的波动起伏也更大,需要非常坚强的意志力来度过这漫长的学习旅程。而她又出生在北方一个偏远的农村,父母起先都是在当地务农,小叶8岁的时候,因为读书好,她的父母就决定出外打工,供养小叶上大学。小叶告诉我,她在学习上从来就没有吃力过,按着老师的话做着该做的事,高考的志愿她是看着哪个顺眼,随便填的,到医学院上学是被调剂过来的,自己还没有准备好就必须直面变化的命运。

她的父母一直觉得小叶是骄傲,当时上大学,村长敲锣打鼓地庆贺,村里就这一个状元,那排场让父母到现在回到镇上都有面子。可是内心里他们感到心酸,小叶自从上了大学就变得沉默,很少说话,脾气也古怪,每次寒暑假回来,就是关在房间里抱着电视看。父母觉得也许去了城里的孩子都这样。

我和小叶聊了几次,她每次都是一脸的困惑,又总希求着我可以成为钥匙,解决她所有的问题。她告诉我,自己是一年级的心智却上着六年级的学,一切对她来讲都是负担压力。"我幼时的生活都很开心,可是越长大越不开心,那种无忧无虑的生活没了,我要负担很多压力,而这些都让我无法承受。"我看着她,耐心地等着她说。她的语言显得有些幼稚,手时不时地将头发撕扯着。

"其实学习上我并不觉得特别难,但是我讨厌各种规矩,比如要早起、要跑操,"她耸了耸肩继续道:"我的同学都是乖乖女,而我叛逆,不愿意遵从,我和她们不一样。"她很肯定地点头。

我问:"怎么不一样?"她眼睛里有了些神采:"我从小就是一个野孩子,喜欢玩,喜欢自由,喜欢没有约束。女孩子不敢做的事情,我都敢做。我就是生性中有一种另类。我想按我的方式生活,每天在自己的世界里度过,而不是被拘禁在被设计好的牢笼里。"

她突然深深叹了口气:"我博弈不了自己的命运。我只能这样,还要管我的父母。"这话她说得很无奈。她又喃喃自语："我不能再做莽撞的事情了,我要理性。"她捂着胸口,似乎在给自己承诺。

我问道:"你做过什么出格的事吗?"她看着我,憋了半天,她的眼睛很清亮,嘴唇却有些抖动。

她说:"前段时间,我将头发剃成了光头,当时只是一时冲动,看到照片里自己一岁时没有头发的样子超级可爱,就这么想都没想冲进了理发馆。同学们议论了一段时间,自己也没觉得不自在。"

我继续问道:"你剃完头的感觉好吗?"她看了我一眼:"心里觉得挺舒服的,好像找回了自己。"

"你觉得你总在寻找自己?"我问。她点头:"我不知道自己在哪里,我总也找不到,做一些另类的事情时,我会觉得自己存在。可是更多的时候,我在逃避,我无法面对一些问题,甚至可以说我没有能力去应对,我讨厌与人的接触,讨厌任何的社交活动,我更愿意一个人待着,好像这样更安全。"她接着问我:"医生,我可以休学一年吗?我想一个人到外面走走,做一次长途旅行。"她的眼睛又瞟向窗外。

她的迷茫更多是对城市生活适应能力的障碍,她对自己的否定常常出现在语言里,似乎所有的生活都是一种压力,她害怕去面对和承受,所以她尽量选择逃避,看病住院也是一种逃避的方式。她对现世的适应能力用她自己的话说是"意志力薄弱",无法像别人那样强大。一个新的环境让她感到恐慌和不知所措,她在各种人际触碰中感到自己的卑微和弱小,甚至从别人的眼神里她都能读到厌恶。她没有朋友,她说是因为害怕暴露自己而选择隔绝,但是她又觉得自己是不同的,希望被瞩目,以此来证明自己的存在,给予自我安慰的借口。

她不断地告诉我她的不一样,别人不做的事情她会做,她是叛逆的,不循规蹈矩,对众人刻板教条的生活她感到不屑。但是我发现她一直都戴着帽子,让自己短寸的发型不被人注意,也许是禁不起别人疑惑的打量。她内心的敏感和纤弱让她处在自我挣扎和纠结中。

我后来问她:"你剃光头是想给自己的一个交代,还是证明自己的存在感?"她迟疑了一会说道:"都有吧!"

我曾经接触过一个大山里的孩子,到大城市上大学后因为无法融入大学生活而割手腕。那是一种绝望,源于惊恐和焦虑,最终他休学回到了大山,开始了新生。小叶也一样存在适应障碍,她没有正视这个问题,而是通过逃避来求得一种解脱。可是她逃避不了父母的期望,她很清楚自己背负的责任。她说她没有退路,只能向前,但即便毕业了,也不见得能找到工作,就算有了工作,也不见得能挣到多少钱。连自己都管不了,又怎么管他们?父母的艰辛一笔笔都堆积在她的心头,让她无处可逃,而她又最想逃开这些责任。

她告诉我,她缺乏安全感。从小父母都是忙着务农,后来他们打工,自己是奶奶带大的,多数时候都是自己一个人玩。每每去一个陌生的地方或者见陌生的人,都会让她感到恐慌和焦虑。在高二的时候,她曾经因为奶奶的过世而一度情绪低落。她的父母并不理解她,他们只是知道供她上学,平时没有多少交流,她的朋友就是她自己。她的父母觉得她性格古怪、不合群,做一些事情也有悖常理,他们琢磨不透这孩子的心思。

小叶常常是落寞的,觉得寝室室友间的话语里都藏着轻视,甚至尖刻,她无法融入,身份标签也在友谊的阵营里显示出效应,敏感的神经在被烧灼后只能选择孤独。我告诉她应该学着调整,她两手一摊:"我不会低头。"

小叶自己找到的原因是安全感缺失,让她不知道如何调整。她总是用自己对事物的否定认知来填塞自己的脑子,用负性的思维来看待事物,让自己的神经总是处在焦虑和挣扎中。她只看到漆黑一片,看不到自己可以在阳光下。

我问她:"你想快些好起来吗?"

她看着我无奈地说:"能好吗?"接着又说:"在这儿住院静一静,也挺好的。"

她父母告诉我,前段时间小叶在忙一个课题,可一说到课题她就显得不耐烦,好像压力很大。或许这是她想逃开的一个理由。

我问她:"如果让你重新选择你的未来,你会怎么选?"

她似乎被我问到关键了,无力地说:"我不知道,但我可能什么都不选,因为现在我也并不清楚我的未来是什么。"

这是一个只会读书的孩子,所有的安排都不是她自己决定的,而是老师和家长在她面前铺成了路,而她还没有想好怎样上路、上路是为了什么。她选择拒绝适应,不愿意改变自己去适应环境,她将自己与周围隔离开来,但又希望得到存在的关注,她用各种另类的方式来博得认同,来证明自己有过辉煌。当一切回到沉寂,她又回到初始状态,开始又一轮的逃避。她躲在自己的世界里不肯出来。

作为一名医学专业的学生,小叶对自己的病情诊断都有自己的理论依据,我所能做的就是让她放松压力,慢慢地思考,几乎帮不了什么忙!很多时候,她都要靠自己去面对,去接受,去调整生活轨迹,认清自己的道路。

小叶在医院里住了一个月,临走时,她告诉我她和我们这儿的小魏医生成了朋友。小魏也是农村出生,但却很积极地生活,在这里租了房子,还读了在职博士,有了男朋友。我看她眼里的亮光,有了一份憧憬和激情。但愿这盏光芒不要熄灭,能够成为引导她积极人生的灯火。

家庭教养模式分析

孩子的问题:迷茫,困惑,回避、自卑、封闭,害怕责任,拒绝适应。

① 被动生活。一旦生活发生变化,无法应付压力。
② 不想承担责任,用借口搪塞来规避责任。
③ 适应能力障碍,学生角色转型社会角色困难,拒绝长大。
④ 封闭自卑,敏感偏执,害怕被伤害而拒绝社交接触,以寻求保护。

家长的问题:缺乏教养知识,忽视对孩子的早期关怀,缺乏安全支持,社交信息封闭,过度保护,没有针对问题参与孩子成长期的管理,没有对孩子责任意识的培养。

本案例家庭教育模式属于被动型。

为了协调本我、超我和现实之间的矛盾,自我"发明"了许多手段,统称心理防御机制。从表面上看,心理防御机制可以"消除"某些症状,维护心理健康,但是它同时制造了无意识,为心理障碍埋下祸根。所以罗杰斯认为,用心理防御换来的心理健康不是真正的心理健康,真正的心理健康应该是"心灵不设防"。弗洛姆在《逃避自由》一书中也曾说过,一个人能够、并且应该让自己做到的,不是感到安全,而是能够接纳不安全的现实。

精神分析学派也认为,心理防御有优劣之分,好的心理防御机制有助于心理健康,不好的心理防御机制导致心理障碍。所谓不好的心理防御机制是指精神病性心理防御、不成熟心理防御和神经症性心理防御。精神病性心理防御也称"自恋"心理防御,是精神病人和婴儿所使用的心理防御,包括否认、投射、歪曲等;不成熟心理防御是人格障碍者和儿童所使用的心理防御,包括退化、幻想、内射等;神经症性心理防御是神经症患者和青少年所使用的心理防御,包括压抑、反向作用、转移、合理化、隔离、抵消等。

小叶把所有的生活看成是一种压力,她害怕去面对和交集,尽量选择逃避,是一种消极的心理防御机制。

① 当小叶出现抑郁情绪时,她被负性思维缠绕,总是想到坏的事情,这会进一步加重她的抑郁情绪,降低对治疗的信心。

② 对研究生生活的不适应,可能也加重了她的病情,因此积极的心理支持、正确的引导、正视问题、转变认知,是非常重要的。

小老鼠望着高高的大山,心里会有很多担忧,担心自己攀登不上去。其实一旦飞得高了,再回头看,之前的高山就变得渺小了。

"我的世界在床上,被子是我的妈妈,我不会下床,也不想下床,天花板里有我的心事。"

我什么都不想!

一早,王医生告诉我 7 床的小姑娘又开始撒娇,赖着不肯起床。我翻看病历,是那个不太爱搭理人的女孩——姗姗。

姗姗的妈妈是快递员,送她来的时候,忙不迭地接着电话,没说几句话就走了。女孩只有 14 岁,才上初二,对妈妈的离去比较漠然。她是因为"肚子反复阵痛一个月、无法上学"而来就医,后未查出器质性病变转入心理科。

姗姗长得很漂亮,大大的眼睛,尖尖的下巴,笑的时候嘴边有个米粒大小的酒窝。但她不太搭理人,对周围的一切没有探究欲望,喜欢一个人瞅着天花板,或者低着头看地,大多数时间躺在床上。

我走进她病房的时候,她正在看手机,时不时会发出笑声,她很喜欢自己的独处。

我问:"床上很舒服,是吗?"

她点点头,随后又摇摇头:"其实也挺无聊的。现在我都不知道该做什么,对什么都没有兴趣,就想睡觉,但又睡不着。有时候会掉眼泪。"她挤了挤眼睛,说这些话有些像背书。

她继续说道:"叔叔,他们说我患上的是抑郁症,需要休学治疗。"她有些试探道。

"我听你爸爸说你这两天肚子不疼了。"我说道。

"但我失眠,睡不着,经常会醒。"她急切地辩解。

我表现出很关切,问:"是不是小时候就开始了?"

"多久我记不清了,反正我多数时间都是一个人在家,白天一个人,晚上也是一个人。"她垂下眼帘。

我问:"会害怕吗?"她看看说:"一开始怕,后来就不去想了。有段时间总是醒,后来妈妈就陪我睡,只要有点动静我都会醒。"

我继续问道:"晚上做梦吗?"

她眼睛睁得很大,"做,都是噩梦。"她表现出很厌恶这个话题的样子。我本想追问,她却把被子拉在胸前。

我转移话题:"喜欢上学吗?"她很快地答道:"不喜欢。同学们总是给我起外号,联合起来不理我,从小学三年级开始我就是一个人,上课下课都在座位上。"

我有些疑惑,她继续说道:"我那时候有青春痘,头皮屑多,他们就嘲笑我,一开始,我很难过,后来就习惯了。"

我问:"你向老师寻求帮助了吗?"她说:"老师曾经找他们谈过话,也在班上说过,可是没用,同学不听老师的。"

我问:"上了初中,在新的环境里是不是改善了?"

她哼了一下:"就那样吧!可能是我性格上的问题吧,不太愿意搭理人,他们总说我前一秒还挺高兴,一转脸就不理人了。我可能是有这毛病,我对交不交朋友已经没有兴趣了,因为这样更容易我什么都不想!

受伤。"

我又问:"你喜欢爸爸还是喜欢妈妈?"她不回答,只说:"我和他们没有话说,我也不想说,多数时间我是一个人。"

"你一个人都干吗?"我有些奇怪。

"我发呆,我喜欢放空我的思想,什么都不想,呆呆的,脑子一片空白。"她笑着,将双臂展开。

"你刚才说更容易受伤,是不是意味你还是很在乎同学对你的评定,希望得到关注?"她沉默了一会儿,突然变了脸色,迅速地钻进被窝,躲在里面不再吭声。我意识到自己伤到了她的痛处。

她的症结究竟在哪里?

一周后有个下午的探视时间,我听到走廊里响起了一阵孩子的喧闹,几个初中生模样的孩子涌向七床,她们围在姗姗的床边,而她只是礼貌地笑笑,回答着他们的问话,并没有多少表情。同学们似乎感觉到冷漠,但还是表达着关切和好奇,一个孩子送了一本书给她,放在床头,姗姗只是瞅了两眼,并没有拿过来看。倒是旁边的妈妈很兴奋,和同学们说了很多话。事后,我了解到这是班上的同学在妈妈要求下特地跑来看望她,本想带给她喜悦和惊喜。

我约谈了她的母亲,这是一个脸上写满匆忙的女人,语速很快,并不能听清我的问话,总是按着自己的意愿说话。

"孩子脾气很怪,不知道她满脑子里都想啥,经常发呆,爱理不理,似乎家里的事情都与她无关,特别不爱说话。我每天早上6点就出门,到晚上9点着家,非常辛苦。她从来没有问过我,就好像我不存在,每天都懒洋洋的,做什么事情都慢得出奇。"她像倒豆子一样,抱怨着自己的无奈。

"人家的孩子都是欢声笑语、天真烂漫,她永远哭丧着一张脸,似乎上辈子欠了她什么。"她继续吐露着自己的苦楚。

我转移她的话题:"孩子一开始是胃痛?"母亲想了一下,说:"她初中开始就会偶尔肚子痛,做过检查都是好的。每次肚子痛,就没去上学。这两个月肚子更疼了,正好有借口不上学。"

我问:"你觉得她是故意不去上学的?"母亲立刻回道:"她就是想逃学,能赖就赖,打了骂了都没用。"

我问:"她是不喜欢上学,还是上学让她不开心?"母亲顿了一下,道:"这孩子在学校的事情从来不和我们说,开家长会时老师告诉我说这孩子很不合群,都是独来独往,好在她不惹事。哎!你说这孩子怎么这么不懂事,我们苦成这样,她一点都不在乎。我昨天特别请她的同学去探望她,就是希望她能和同学关系好些,可她连个笑容都没有。"她越说越气。

"你想过同学们知道她住在心理精神科会怎么看她吗?也许她们会觉得她有心理或精神问题。你有征求过她的意见吗?"我问。

"怎么会呢?我是为她着想的,再说同学来看她,说明人家还是很友好的,是她自己不愿意努力相处。"她很固执地回应我。

我问:"她平时在家干什么?向你们提要求吗?"

她皱了皱眉头:"她在家能干什么?就是躺在床上睡觉,什么都不管。我和她爸早出晚归,就为了供她上学,她一点都不争气,学习成绩平平,还尽让我们操心。这次上这儿来折腾一下,我们又要苦两年。我上辈子造了什么孽,生了这么一个败家的东西?"她不断地抱怨着,似乎生活的倾轧已经让她失去了承受的能力,孩子额外的支出让她不堪重负、步履蹒跚。她抱怨生活的不公,夫妻俩如此辛苦却只换来女儿的冷漠。

我问:"你知道她喜欢什么吗?"她不屑地说:"她能喜欢什么?就是花我们的血汗钱。"

这是一个很难交流的母亲,用自己的意识固执地看待一切,将孩子看作生活的累赘而不是上天赐予她的礼物。

姗姗还是不爱起床,护士长想了很多方法,给她找了玩伴,和她一起做手工。她懒洋洋地不做应答,等大家都来劝说的时候,她就把自己藏在被子里谁也不理。我默默地观察着她,她在回避,再也不愿意面对,只想生活在自己的世界里,避免一切可能的伤害。她只相信自己,自己是最安全的。

可是她却经常睡不好,一个晚上醒来好几次,身边没有亲人,父母把她一个人放在医院后又忙于生计。我们不得不加大镇静剂的量,她内心的不安让她变得紧张敏感。

对这样一个缺少爱和关怀的孩子,我尽量找空和她聊天,让她感觉到注意和关切。

一天下午,和她聊天时,姗姗怯怯地伸出左腿,那上面有一个七八厘米长的凹面疤痕,在光洁的皮肤上显得突兀,像一个狰狞的魔鬼,正一点点吞噬着她的自信。她告诉我小学三年级之前她是一个非常快乐开朗的孩子,突如其来的车祸发生后整整一个月她都感到恐惧和害怕。这以后她的性情就有了变化和起伏。

"我想躲起来,不让人看到。"她说,"这样我感到舒服。"

我指了指伤疤:"你不想让人看到?"她看了伤疤很久,用手细心地抚摸着:"也不是,现在我很接受,它就是我的印记。"她封锁自己，把所有的瑕疵包裹起来，让自己享受。她的世界太安静了，没有可以抚慰她的，陪伴她的只有这个伤疤。

"为什么不和妈妈说说?"我问，把她拉回了现实。她垂下眼帘，生硬地说："没有可以说的，她不会听的，也听不懂我的心事。"

我问："爸爸呢?"她哼了一声："他只有自己的报亭，没有我。"

我问："你觉得没人关心你?"

她看着我，反问："你觉得有吗?"她的眼睛很深邃，有些无奈，然后自我解嘲地说："我会关心自己。"

"就这样一直躺着?"我顺着说。

她把被子拥入怀里，很享受地抱着它们："它们很温暖，让我不害怕。在它怀里我什么都可以不想。"

她的妈妈依然很忙，她的爸爸偶尔露过几次面，我们甚至约不到他们。管床的医生告诉我姗姗前两天说牙很疼，但是会诊医生来了，却就是不说话，情绪反差很大。

姗姗变得愿意和我聊天，每次我来，她会从被窝里爬出来，用力睁开她的眼睛，盯着我。我和她聊了很多，能感觉到她的需要，她有想要和人谈谈的渴望，但又胆怯，害怕被伤害。她不断地表现自己的无所谓，可是又很想抓住别人的视线，获得别人的关注。她已经习惯了父母对她的无视，感受不到温暖，同样也不会去投射自己的温暖，更不懂得如何与别人建立友爱的关系。

她一点点试探着，敏锐的神经纤细得承受不起丝毫的惊吓。我稍微地进入她的内心，她都会出现沉默的阻抗。她告诉我她不确定自己的畏惧，但是常常被不安紧紧地捆绑着，甚至会不能呼吸。

"我只有不想,我不得不学会不想。"她的每一句话都让我心痛。在经历了车祸后,她没有得到父母及时的安慰,这种创伤后的阴影如影随形,一个10岁的孩子独自痛苦地承受着这份如山的恐惧。随后她常常被一个人放在家里,不断地放大这种痛苦,直到她习惯。在学校,她想获得朋友,可是她含着深深的自卑。当同学们嘲笑她有头皮屑和青春痘的时候,她决定把自己包裹起来,免受伤害。而老师精力有限,无法更多关注到这样一个孤僻的孩子,她更加绝望。她甚至说:"我活着就像空气,只是看看,没有感觉。"

我们试图让她看到自己的美丽,常常夸赞她的眼睛和上翘的嘴巴,几乎每个医护人员到她的床边都会很爱怜地和她说话。我看着她一点点地欣喜起来,变得有些生气,愿意将头发梳整齐,甚至有时会下床,依靠在病室门前,看着我们来来往往,甚至和我们点点头。有一天她给我看了她的右腿,她说这条腿也是一起被碾入车肚子里的,可是醒来的时候发现它一点伤痕都没有。说这些的时候,她脸上充满了惊异。

"你一直都奇怪这件事情吗?"我问。

"我不明白它为什么会如此完好,我一直在想。"她神秘地眨着眼睛。

我告诉她:"也许是上天想让左腿告诉你有疼痛,让右腿告诉你有奇迹,两条腿都完好后,让你今后可以跳舞。"

我最终还是没有能更多地帮助到她,三周以后姗姗的父母坚持让她回家休养。她走的时候放慢了脚步,在出病区门时回头望了望楼道,然后低着头远去了。

我希望她以后可以去跳舞。我为她祝福。

家庭教养模式分析

孩子的问题：孤独，关怀支持匮乏。

① 极度缺乏关爱，情感淡漠，封闭自卑。

② 创伤后应激障碍。发生车祸后，身体的疤痕带来心理上的阴影。

③ 否定隔绝自我，回避社会。

家长的问题：把生活的抱怨和艰辛都加载在孩子身上，成为自己情绪的宣泄出口，本应承担的责任却视为是孩子带来的负担和枷锁。

本案例家庭教育模式属于抱怨型。

马斯洛在《人的动机理论》一文中提出了"需要层次理论"，他认为，人的基本需要按由低到高依次是：生理的需要、安全的需要、社交的需要、尊重的需要和自我实现的需要。

社交的需要也叫归属与爱的需要，是指个人渴望得到家庭、团体、朋友的关怀爱护理解，是对友情、信任、温暖的需要。父母在这领域要对孩子进行感情投资，要付出时间、情感和智慧。首先要鼓励和支持孩子与同伴、朋友交往；其次，父母本人要多与孩子交流沟通，努力成为孩子的朋友；再次，家长还要积极为孩子寻找朋友。案例中的姗姗在车祸后，没有得到父母的及时关注，而是常常一个人被放在家里；在学校想获得朋友，却遭到同学的嘲笑，老师也没有关注这个孤僻的孩子，让她更加绝望；在家庭学校各个方面的关爱缺失，从而产生一系列的心理问题。

亲子沟通是建立良好亲子关系的基础，而不尊重孩子是影响亲子沟通的重要因素。赏识孩子、倾听孩子诉说、控制不良情绪，无疑是建立良好亲子感情的重要基础。

袁主任点评

① 很显然，姗姗是一个缺少关爱的女孩，父母永远都忙碌，她好像成了多余的人，这为她的心理疾病埋下了种子。

② 生病和不想上学可能只是姗姗想引起父母的重视，如果没有认识到这一点，姗姗的病是不太容易转好的。

③ 重视对为人父母的教育培训，让他们掌握教养知识，学会管理好自己的情绪，营造健康良好的家庭氛围，有利于预防这类儿童的心理障碍的发生。

④ 父母要学会关心孩子，给予关注和爱护，从而帮助他们学会正确处理人际交往，建立良好的人际关系。

岸边的小鸟在犹豫自己过河是该先出左脚还是右脚,同伴很奇怪她的想法,为什么不飞过来呢?有的人因为受过一次创伤,就迟疑不敢迈步,忘记了自己有飞翔的能力,太注重外在而忽视了积极的内在力量。

"有分数就有天下吗？为什么我一贫如洗,穷得像个乞丐?"

我只是一个普通人

"我只是一个普通人,只是因为自己刻苦,才有了学生时代的风光,可是我只是一个普通人,我只能做我自己。"当冯伟要离院的时候,他对我说:"我今后会安下心来,娶妻生子,做个平凡普通的人。"

冯伟24岁,现在某电子器材厂做工,因为工作效率很低、动作迟缓,经常被领导批评和同事耻笑。冯伟前段时间与相处了两年的女友分手,情绪上激动、烦躁、易激惹,与家人不和,后有自杀行径。父亲遂托人将其送到医院彻底检查。

我第一次与他见面并没有距离感。他面庞圆润清秀,一脸的书生稚气,语言表达上虽略有犹豫,但却急切地想要诉说自己的困境。他自认为自己是诗人,有多愁善感的情感,我也感觉出他对读书的看重。

他说:"我学习成绩一直很好,考初中的时候全年级第一,上了初中以后,觉得功课变得有难度,常常会有一些强迫的意识。一些才看过的字词会不时漂浮到我的眼前,尽管我努力摆脱,却挥之不去，我甚至会研究字词的笔画，然后琢磨为什么这么写，直到想出一个结果来。这种思绪消耗了大量的时间，因为常常被束缚在这些无意义的字词和画面上，初二的时候我的数学成绩掉了下来，尽管每天刻苦刷题，但是效率越来越低。我的思维变得迟缓，而强迫意识却越来越强。我甚至会反复琢磨太阳为什么从东边升起、2乘以4为什么会等于8……并深陷其中无法自拔。我无法集中精力，思维变得缓慢，情绪变得焦虑，成绩越来越差，原来一向是尖子生的我从年级第一名变成了班级里的倒数，中考时勉强上了普通高中。"

他迫不及待地想把自己的问题一股脑儿地述说出来："到了高中，尽管我拼命读书，付出百倍的努力，但是成绩仍然没有起色。父亲为了让我找回自信，安排我重新复读了一年高一，但情况依然不理想。到了高二我开始自我放弃，去做我原先唾弃不齿的事情：上网吧、逃学、打游戏，我发现只要不去碰课本，我眼前的幻觉就会减少，强迫意识也会缓解，我心里会感到舒服些。于是我更加放纵，像脱缰的野马。"他突然停了下来。

我试探道："其实在你心里从未放下过学习，你觉得只有上了名牌大学才算有出息？"

"是的。"他点点头道，"我喜欢学习，可我不是学习的料。小的时候我认定的方向就是做个像爸爸一样的老师，可是我让父母失望了。"他重重地叹了口气，我能听出他对自己的失望。

"也许现实就是这样，我就是一个非常愚笨的人，什么都做不好。"他停顿了一下，继续道："大家都认为我无能。小学的时候当课代表却从未收齐过作业本；在家里父亲觉得我就是个累赘，穿衣服扣纽扣也会扣歪,盛饭会把碗打破;上了班,电焊的时候会烫到手,女朋友临要结婚却分手了。我都不知道自己能做什么,医生,我真的无能吗?我很迷茫,没有未来。"他一连问几个怎么办,让他讲话变得有些结巴。我没有立即回复。

"天将降大任于斯人也,也许我命里有这一劫。"他看着我,竟然自我调侃了一下。这句话却让我看到了希望。

这是一个性格内向、追求完美、有些阴柔气质的男子,他自我表述逻辑清晰,但内心冲突剧烈,我意识到这来源于外在的环境压力。

我约谈了冯伟的父亲。父亲很瘦削,但衣着很整洁,皮鞋很亮,是一个很注重外形的人。他见我的时候很郑重,特意地理了理自己的头发。他是一个小学老师,而且还是当地的模范教师。

话匣子一打开,父亲就占据了主导地位,让我无从打断。"这孩子小时候就特别小气,如果自己的橡皮被人用过,他就和别人红脸。特别奇怪的是,他在学校用过的草稿纸,也一定要一张张地叠好带回家,说是节省下来卖钱。他的自理能力很差,经常丢三落四。他和几个比他小的弟弟去洗澡,人家都好好的,他却会被水烫着。刷牙洗脸以后,衣服上总是有牙膏印子。端个菜会把盘子碎了,倒个水也会满地都是。"他一脸的埋怨,似乎在说别人的孩子。

我问道:"你们没有培养过他的能力吗?"父亲把手一摊:"他什么都做不好,我们还哪敢让他做什么事,只要他学习好就烧高香了,可是学习上也不争气。他的几个表哥表姐都是名校毕业,在政府机关工作,有体面的身份。本指望他也会像他们这样,哪想到他越来越不济，连个普通高中都没读上。他的同学嘲笑他，他心里不服气，觉得自己这么努力却没有好结果，而那些原先成绩不如他的同学都混了个本科。到了高中，他就完全自暴自弃，破罐子破摔了。"他终于发泄完，叹了口气。

我转了话题想引起他的注意："你觉得他和其他孩子有什么地方不同吗？"他沉吟了一会儿，但并没有表现出关切和疑惑，缓缓地说："搓毛巾的时候，他会从某一个块开始搓，然后一寸寸地，直到全部搓完，有的时候要搓半小时。情不自禁重复做向后看的动作。穿衣服喜欢反复撸袖子，有的时候会撸到肩膀上，然后再拿下，再撸上。"

我继续问："你能讲一下他曾经自杀的情况吗？"父亲只是"哦"了一声，并未有担忧的情绪，相反我体会到了他心里的一种嫌恶。"他还算明白，去自杀之前，将叔叔给他买的一套衣服脱下，换上自己日常穿的一身，然后拿个水果刀到我们曾经居住的老房子里准备割腕自杀，在那里徘徊了一个上午，到了下午又回家了。我就知道他不敢自杀，他总在我面前叫嚣，但从未做过。他怕疼，连划个小口子都害怕。回来之后还跟我说这事，我告诉他你要真想自杀早就做了，还大张旗鼓地在我面前炫耀，吓唬谁呢！"他一脸的不屑。

他继续说道："我现在对他的学习没有要求了，只希望他赶快成个家就行了。这好不容易给他介绍了一个女朋友，谈了3年，原本是要结婚的，前段时间女朋友说他衣服穿得不像样子，他就跟人家急了，提分手，气得女朋友的家人数落我，让我丢尽了面子。为了这个孩子，我们上上下下都愁死了，真是造孽啊！"他一直絮叨着，在他的眼里孩子一无是处，成了他愧于见人的一个耻辱，而他不仅仅是父亲，还是一个人民教师。

我问道:"他妈妈呢?"父亲解释说,母亲工作在外地,很少回家,孩子基本上都是自己照料。

以后的几次,冯伟会主动来找我,通过交谈中,我发现他是我这些患者中最有希望转归心理、回归社会的一个。冯伟虽然个性内向,但比较顺从和乖巧,幼时在父亲的学习功利化教养模式下,把学习好坏作为唯一价值评价的标准。通过自身的努力获得好成绩,家庭和学校反馈投射出的肯定和奖励,以及从中所享受的巨大成功满足,更让他体会到学习的魔力。他生活中大大小小的事情只要与学习冲突都要让行,他几乎没有娱乐生活,没有电视、没有动漫,更不用谈家务活,他父亲将所有的事情都承包下来,生活的全部就是学习。

他告诉我,在学校他没有朋友,因为同学说的话、谈论的明星,他一概不知。他也觉得孤独,但是父亲对他的强力洗脑让他充满自信——"我有分数,我就有天下。"当别人的成绩比他好的时候,他就开始焦虑。

冯伟同样没有安全感,安全感的缺失来源于他和母亲亲子关系的缺失。他从小是由父亲陪伴,母亲常年在外地工作,疏于情感投入,而父亲管教严格,甚至偏执,只认分数不认儿子,造成冯伟被动、懦弱、胆小、自卑,害怕在别人面前暴露缺点。为了避免出错,更是因为没有自信,他在任何社会活动和动手实践的事情上都不愿意尝试。在自己的王国里他是国王,在外面就成了乞丐。

他说:"上了初一,我感受到了强烈的紧迫感,只要稍微喘口气就会被别的同学赶上,所以我要付出更多的时间和精力完成学业。尽管累得像狗一样,我的分数仍然不断地被别人超越,我每天都在焦虑和害怕中度过。"他告诉我，初二和初三那段时间是他最黑暗的时代，同学们笑话他穷得只会学习了，而最终连学习的能力都丧失了。父亲的训斥、老师的失望、同学的嘲弄，以及对自己的厌恶，一股脑儿地压迫过来，他内心的冲突和扭曲变得剧烈，开始出现强迫思维，甚至出现了强迫动作，越想学习越明显，压力却越大、越强烈。他想和父亲谈心，可父亲认为他是逃避、退却，并端出一堆左邻右舍的成功人士做比较。他一想到自己不如别人，便越焦虑、越痛苦。他告诉我，父亲在乎的是他自己的面子，而不是自己的儿子。

冯伟在既定的现实面前杀出血路，摸索到如何自我救赎。高二的时候，他发现如果自己不再思考学习的问题，他的强迫症状就会得到改善，于是他开始放松自己，不再在乎自己的门面。"我开始认识自己，"他告诉我："那个时候我就意识到我不是什么神童，相反我觉得自己是很笨的人，因为我什么都做不好。"

他从学习的神坛走下，但是生活能力依然是零，而这些能力在他逐步脱离家庭生活环境后显得尤为重要。他不断地被自己生活和工作中的愚笨行为所吓倒。别人越看着他，他越做不好，越容易犯错。上了班，他因为焊接电子管速度慢而被领导责备、被同事讥笑，他想做好却总是做不好。

"现在的强迫症状来源于工作的压力？"我问他，他点点头。他告诉我，除了工作压力，还有谈恋爱的挫败。"我的女友很好，我们谈了三年，最近准备要结婚了，但是前段时间她说我自理能力太差，这是我最不愿意被揭露的，于是我们吵了一架就赌气分手了。"我告诉他，既然是赌气，就不是认真的，应该好好找女友再谈谈。

在经历了起伏后，冯伟仍然能保持一份理性的思考，甚至能够自我宽慰。他告诉我他会慢慢学会生存,做个普通人,过普通人的生活。"只要我慢慢学着去做,总会做好的。其实我来这儿已经好多了。我只是给父亲一个交代,让他对自己有个交代。"

一个阳光明媚的日子,冯伟在住院部晾台上来回散步,旁边一对母女俩有说有笑,他站在那儿看了一会儿,似乎想要靠近倾听,但终于没有勇气,向后退缩。我和他打招呼,面对他坐下。在阳光照耀下,他的脸庞更显稚嫩。他依然习惯地将眼镜架放在手中端详一会儿,随后架在鼻梁上,用力顶一下眼镜架,完成三个刻板的动作。

他主动告诉我:"王老师给我做了三次心理疏导,我觉得自己好多了。其实初中的时候我就意识到自己出问题了,尤其是学习压力增加的时候,我的强迫思维会加重,而上网游戏似乎可以缓解这种强迫力量。现在我明白了,是我自己没有清醒地认识自己,我真的只是一个非常普通的人,我当不了象牙塔里的顶尖人物。过去我一味地读书,没有任何兴趣爱好,也因为除了学习什么都不懂,所以我没有朋友,生活里只有书本,我变得孤独和狭隘,我的唯一出口就是学习,想要通过学习去征服别人。越是这样,我的心理压力越大,越是扭曲,我最终输了。我只是一个普通人,学习的目的应该是为了更好地生活,可是我只是为了追求学习所带来的名利,而忽视了学习的根本意义。"

"我只是一个普通人",他重复了两遍。

我问他:"你怪怨你的父母吗?"他看看我:"不怨。他们也是想让我好。"

"你是一个心地善良、心理强大的普通人,一定会有一个幸福的未来。"

家庭教养模式分析

孩子的问题：高压下的心理失衡。

① 被父母教化成学习机器，存在唯分数论的认知理念。

② 因为分数带来的不安全感，造成焦虑和强迫。

③ 处于封闭的独立世界，没有任何社交能力。

④ 不健全的独立个性，接受外界的评价体系，缺乏基本的生存能力。

家长的问题：强制孩子接受自己的评价体系，极度自私，孩子成为家长炫耀的谈资，关心的不是孩子的健康心理，而是孩子的分数以及自己的面子。一旦发生问题，给予的不是关爱和支持，而是责骂和嘲弄。

父母错误的认知是造成孩子焦虑、不安全的主要原因。

本案例家庭教育模式属于权威强势型。

心理咨询师的话

生态系统理论是在20世纪70年代末兴起的，其代表人物是布朗芬布伦纳（U. Bronfenbrenner）。该理论的主要观点认为，个体的发展受其所在环境系统的影响，如家庭、学校、社区、民族等。布朗芬布伦纳对个体所处环境系统划出层级，提出微观系统、中间系统、外部系统和宏观系统四种类别。个体在这四个不同的结构水平上，与他人或周围环境交互作用，形成特定的交往模式并对个体发展产生影响。因此,生态系统观强调要将个体放在不同层次的交互作用的真实的社会环境系统中来研究其发展。其中,个体的家庭属于微观系统,微观系统是指个体在某一特定时间所处的即时环境,因此它对个体的发展往往起着直接重要的影响。

受生态系统理论的影响,研究者进一步提出家庭系统论,其中Belsky的理论模型具有较大影响。该模型阐述了家庭系统内各子系统间的相互关系,家庭系统中各种因素是相互影响的,父母的抚养行为既对儿童的行为发展产生影响,同时也受儿童行为反应的影响。总之,家庭是一个有着复杂内部作用的系统,家庭系统的任何两个部分之间的关系都是相互影响的双向关系。

① 父亲强制冯伟接受自己的评价体系,孩子为追求完美而不断苛刻要求自己,越是不能达到完美越是要去追求它。长期的这种心理影响是导致焦虑和强迫的根源。

② 在现实生活中,很多家长都非常注重孩子的智力教育,望子成龙心切,却往往忽视了孩子生活自理能力的培养,造成孩子对父母的过度依赖。久而久之,孩子会丧失独立性和克服困难的能力和意志力。

③ 父母要关注的孩子本人,而不是表象的分数和荣誉等,改变唯功利论,给予孩子更多的自由空间,培养和锻炼孩子的社会能力;客观地评价孩子,接受孩子的缺陷,切勿拔苗助长。

高凳子和矮凳子,哪个是真正属于小老鼠的位置呢?要坐上这个高高的板凳,并不是这只小老鼠能力所能达到的,最适合它的还是旁边这个小板凳,所以要正确定位自己!

"活着的答案不是我的答案,于是我选择死去。"

活着没有意义

小雨是个女孩,13岁,见到我的时候,很有礼貌地向我点点头,脸上写着稚气和羞涩,但眼神一直显得茫然,似乎一切都与她无关,她在安然地接受一切。

小雨是因为自杀被母亲送过来的,腕上刀疤明显。母亲说小雨拿剪刀划自己的手腕,一道道血痕,很平静地划着。母亲害怕了,把她送到医院来。小雨则觉得很舒服,看着血痕溢出血来,生无可恋。

我奇怪一个只有13岁的初一孩子,怎么会有如此自杀的勇气,或者那么不懂生死的意义?

她看上去很乖,一直是怯怯的、默默的,与她交谈时,她会认真地看着你的眼睛,告诉你她的想法。她似乎更愿意表现出她清澈的地方,也许这是她唯一的表现方式,她的思想和她要呈现的东西都极其超然,或者说是美好。

她住院后喜欢上了拍立得,这是她舅妈送她的礼物,这种照相机可以随时拍,随时呈现。她兴奋地给我看她的成果,拍得很有美感,常常是一些花草的静物,构图很好。她告诉我摄影就像一把小勺子,把美好的种子从泥土里挖出来。

这是个内心细致精巧的孩子,她母亲告诉我她的作文在班上都是范文,文艺情思绵长,多发联想和感慨,一点事情会想象很多,缠绕得无法释怀。

小雨与我交谈时,多数时候是我问一句她答一句,不愿多讲,但一说到自己喜欢的事情,她的语言就丰富起来,而且文思泉涌,像一首首诗歌,比如她说,摄影是用最温柔的方式记录时光。她的话语让我想起顾城,清亮得如同一滴水珠。

我和她随便聊着,问到爸爸妈妈时她体现出特别的关切。爸爸身体不好,一天天老着;妈妈不快乐,总是和爷爷吵架。她对爷爷有一种莫名的恐惧。爷爷是个老中医,与他们一起住,但什么都是他说了算。小雨在2015年就因为情绪的问题住进了当地的脑科医院,当时是妈妈坚持送医,没想到爷爷来医院大闹,指责母亲对孩子不负责任,随便公布孩子的心理隐私,而且当着众人的面大吵大闹。面对病友,小雨无地自容。出院后,小雨情绪跌进了低谷。回到家后,家里还是每天争吵。爷爷与妈妈关系的不和、父亲的无奈、整个家庭关系的沉重让小雨几乎透不过气来。今天3月份,母亲和爷爷又因为小雨服药的问题大吵了一架。

小雨说:"我每天看着她们,妈妈的眼泪、爸爸的无奈、爷爷的固执,可我没有办法去改变。我多希望这是一个和谐快乐的家。"小雨眨巴着眼睛,现实和理想的差距让她张皇无措,她想着去改变,但没人理解她的想法,只觉得她幼稚。

她说:"我不理解,都是亲人,为什么不可以好好相处?为什么不可以顾及彼此的感受?"这是一个非常敏感的孩子。她说道:"爸妈天天吵着要离婚,好像是随便的事情,一点也不考虑我的感受。那段日子,我只能捂着耳朵,不敢睡觉。"

我问她:"你有朋友吗?"她说:"我只在乎我的亲人,其他人的事情与我无关。"

小雨告诉我,她发病的时间已经很长了,每天的生活就是"两点一线",在学校里刷题,回到家又是作业,但只是麻木地学,根本不知道自己在学什么。爸爸妈妈并不关心她的想法,看到她在学习就放心了,自己常常被冷冷地抛弃在昏黄的台灯下,他们则上床睡觉不陪她。

小雨的眼睛是湿润的,这个心思敏感又沉重的孩子需要太多的温暖。她说:"我早就病了,每天都重复着一件事,没有意义,没有乐趣,甚至没人关心你在想什么,只要你像所有人一样麻木地按着主流的方式去做就可以了。一开始是爷爷觉出我有些不对,父母才关心到我。"她的话语中有埋怨。

我试图了解她的朋友圈子,说到朋友,她说:"我没有朋友,我是个独行侠。"她这样艺术地评判自己,甚至带着几分傲娇。"我没有认同的朋友,他们也不认同我,没人理解我,她们说的我也不懂。他们只会追星,只会看动漫,他们不会理解我的想法。"我追问她的想法,她说:"我喜欢看书,特别是文学类诗歌类的,最近喜欢死亡话题的书籍。"

说到死亡的话题,她没有回避,就像谈着与她无关的事情。她说:"死,只是一个概念,当什么都没有了、不存在的时候,一切背负的东西都会消亡,至少我没有漫无边际的想法了,不会总是陷入反复的空洞之中。我觉得死没有什么可怕,只是去死的过程因为有疼痛而恐惧。其实我很早就有死的想法,觉得自己是个多余,活着太累了,毫无意义。"

我问:"为什么会感到累?"她沉吟了一会儿:"在学校累,回到家里更累,书本让我累,父母让我累,还有那种纠缠在一起无法挣脱的冲突,令人窒息的空气,麻木的表情,沉重的叹息,还有父亲的沉默、爷爷的歇斯底里、母亲的眼泪。家里的人和事,让我很烦,我顾不上其他人。"她接着说:"我一直觉得活着没意思,也不懂得死去会怎样,但一定没有活着累。只是真要自杀我也会害怕,会害怕疼。"

"但当我真的这么做的时候,我发现,其实是没有感觉的。"她继续说道:"3个月前,我心境很差,对什么都很淡漠,没有胃口,没有情绪,无法入眠,我好难受。于是我拿起剪刀,划着手腕,看着血花迸出,我丝毫没有感觉。"她的语速很慢,好像进入了当时的情境,甚至有些享受刀划过的快感。一个13岁的孩子竟然如此生无可恋。

我问:"难道这个人世间真没有让你留恋的人或是事,你的父母呢?或者你心爱的书?"她睁大了眼睛:"没有,我觉得没有可以让我留下的理由,我好像并不在乎这些!"

突然她又笑了起来:"我现在不想自杀了,因为我有了拍立得,它让我觉得很神奇,一个小小的盒子可以变化出这么多美丽的东西。我知道相纸很贵,但妈妈说只要我喜欢,她不在乎的。"她脸上绽放着笑容,似乎获得了某种支持。

这是一个心思极重、敏感脆弱、多愁善感的孩子,在她的世界里充斥着童话般的故事,她心中的美好愿望和现实中的家庭冲突构成巨大的反差,摧毁了她内心建立的美丽王国。当现实与自己的憧憬有了矛盾后,幼小的她无法用自己的方法解决问题,只能把自己困顿在狭小的空间,甚至自责自怨。将大人的问题揽在自己身上,无形中又增加了自己的压力和负担。她又不愿意增添父母的压力,选择默默忍受。这些压力不断地在内心冲撞,她的认知又不接受这样的现实,于是最终出现了情绪的问题。

她的母亲则比她粗放,似乎没有把问题看得很重。这个家庭的问题可能很多都是由她母亲延伸出来的。小雨的爷爷一直反对小雨父母结合,结婚后因为没有房子,小雨父母一直和爷爷住。爷爷性格固执,绝对权威强势,在家里说一不二,而小雨父亲性格懦弱,母亲不愿意寄人篱下,经常为了鸡毛蒜皮的事情发生冲突。从小雨出生开始,家里就没有开怀的欢笑,爷爷对家庭中的每个成员都极其严格,家庭气氛压抑沉重。母亲对小雨缺乏保护安慰,更多的是把自己的委屈投放到丈夫和孩子身上,对受到的伤害和不公正没有正确的处理方式,而是心境持久恶化,影响到家庭的和睦,争吵、埋怨,甚至要离婚,矛盾不断升级。小雨在恐慌不安的环境里惊慌失措,加上本身的敏感气质,更加表现出害怕、怯懦、恐惧、焦虑。学校的安全支持同样缺乏,小雨除了语文学科较强外,其他科目都是拖后腿的。学业优才能被重视,自卑的小雨游离在老师关注的范围之外,内心傲娇的她,为了掩饰自己的自卑,又把自己封闭起来,冷傲地面对同学。

小雨的母亲告诉我,同学们都觉得小雨不爱说话,虽很随和,却难深交。小雨几乎没有朋友,大多数时间就是看书,躲在房间里很长时间。她很懂事,很体贴妈妈爸爸,内心很软弱,说点什么就流泪。对于女儿自杀,母亲很难接受:"这么乖的孩子怎么会有这么大的勇气?"小雨的父亲很少来,似乎是不愿意正视这个现实,母亲则辞了工作专心陪她。

小雨情感丰富的心质和多愁善感的气质，很容易对一些外在的气氛产生共鸣和联想。她对文学的偏好会加剧内心的需求，甚至很享受这种空泛虚拟的个人世界，不愿意出来。对一些生活细节，她会更加敏感，运用她的个人联想。当现实与她的设想的情境有出入的时候，她会选择回避或者将自己包裹起来。她越不肯出来，越容易深陷，只能在自己杜撰的世界里活着。

小雨因为拍立得熟悉了很多病友，人也活络起来，经常会拍些照片送给别人，脸上的笑容也多了。一个多月后，小雨出院了，给了我一张她的自拍照，照片上的她胖乎乎的，嘴角两个酒窝，夸张地露出两个大门牙，这个一向腼腆的孩子给了我她最恣意的笑容。

孩子的问题：脆弱，主观，缺乏安全感。

① 安全感缺失。冲突的家庭矛盾对孩子产生影响。

② 用孩子的眼睛看待世界，并且想改变世界。

③ 过于情思绵长，联想思虑过多，思想清高，无法和同学构建信任关系。

④ 用自己的主观来评价现实世界，出现冲突的时候选择退缩，拒绝接受现实世界。

家长的问题：家庭矛盾冲突较大，没有理性地处理问题，爷爷的权威强势占主导地位，家庭关系不和谐，气氛紧张抑郁，无人愿意解决问题，对孩子造成较大的心理压力，忽视孩子性格走向。

本案例家庭教育模式属于(父母)焦虑懦弱和(爷爷)权威强势型。

家庭动力学理论把家庭作为一个互动的系统,分析以家庭为背景的个人健康问题,解析家庭成员之间的相互作用。

Barnhill 提出健康家庭周期的系统理论模型,该理论模型包括健康或病态家庭的四个方面和八个基本维度。四个方面分别为认同过程、应对改变、信息传递过程以及家庭角色结构。其八个维度是相互关联的,某一维度的优化可以影响其他维度,使之也得到优化。

根据它们之间的相互关系,Barnhill 提出了更有实用价值的健康家庭循环理论。在健康家庭循环系统中,任何一个维度都可以作为起点。

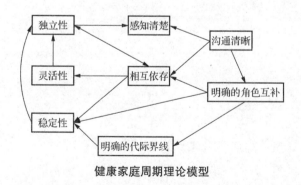

健康家庭周期理论模型

Barnhill 的健康家庭周期理论,不仅能够对家庭进行整体评估,而且还能反映疾病给家庭带来的影响。

①自杀企图是精神疾病的征兆,自杀者大多有情绪抑郁。自杀行为经常随着情绪低落出现。小雨脆弱、敏感、多疑的性格加上长期的家庭矛盾是导致她情绪抑郁的根源,父母消极和不支持的态度使情况变得更糟,最终导致小雨出现自杀行为。

②家长和老师要注意孩子初中阶段心理的变化,他们往往脆弱敏感,需要爱的关怀和呵护。

③家庭气氛要宽松和谐,保持与孩子一致的认知观,一旦有矛盾,要共同商量,化解问题。

花的外表美丽纯洁，但它美丽的呈现需要粪土来施肥。孩子需要挫折教育，需要让他（她）了解世界真实的客观构成，学会理性、客观、正向、积极地思考问题和处理问题。

"大人的世界是个谜,我找不到钥匙打开它。"

12岁的小大人

小雯是个非常可爱的女孩,只有12岁,会腼腆地抿一抿嘴巴,然后扭过脸冲你一笑。我有些诧异她会是一个休学已经近一年的孩子,而且一上学就会感到肚子疼。

第一天入院,她像个小猫蜷在被窝里。我走到她的床前,听到来人的声音,原先还有点动静的被单像是突然屏住了呼吸,我立刻意识到了她的抵抗。听小雯爸爸说,前段时间她好不容易鼓起勇气去上学,可是才上了半节课,就觉得胃抽搐,浑身冷汗,"哇"的一口,吐了一课桌。

陪在床头的父亲见到我像是看到了希望,走出病房后他迫不及待地想要把所有的担忧告诉我。"小雯是个活泼可爱的孩子,六年级的时候她奶奶去世了,从此她就变得情绪起伏,经常会默默流泪。从初一下半年开始小雯只要一上学就会感到胃痛,经常会呕吐,后来去做了很多胃部的检查,结果都很正常。她也曾经尝试着去上学,可是没上两天课就会发生类似的事情,从初一到初二,一直断断续续地上学,再后来就休学在家,直到现在。"

考虑到孩子容易警觉,第二天我做了床边约谈。小雯坐在床上,情绪似乎好多了,但是见到我时又低下了头,只是时不时会瞅瞅我。她还是个孩子,一脸的稚嫩。

我问:"你喜欢这儿吗?"她眨眨眼睛:"还行,没再吐了。"

我问:"你经常会想吐吗?"她皱了皱眉头:"情不自禁地,突然就感到胃痛,然后腿没劲,就吐出来了。"

我继续追问道:"每次都发生上学时吗?""有的时候在家里也会这样,但是去学校更明显。"她答道。

"你有朋友吗?"我转移话题。"有",她冲我一笑:"她们可逗了,都盼着我回去。我想上学,就是上不了"。

她突然看上去很烦恼:"我不知道为什么,自己总是会无缘无故地发脾气。"

"叔叔,我总能在晚上听到一种声音",她突然很神秘地说:"其他人都睡着了,但我能听见。"

"什么时候开始的?"我问。"奶奶去世后。我特别怕黑,怕睡觉,晚上会醒来好几次。"

"妈妈陪你睡吗?"我问。"妈妈在外地上班,我和表姐睡一起。"

我继续问:"你喜欢妈妈,还是喜欢爸爸?"她想了一会儿:"喜欢爸爸多一点。"

我问:"妈妈今天会来陪你吗?""妈妈今天下午就赶过来。"她掩饰不住地兴奋。

"现在大家都陪着你是不是特别开心?"我随口问道。"不是啊!"她欲言又止。

五天后，管床医生告诉我小雯早上又吐了。我来到床边，她看上去很难受，脸色发白。

妈妈站在旁边，一脸焦虑，她向我介绍："昨天雯雯还好好的，今天早上就莫名地发脾气，后来就泪水涟涟的，怎么劝都不行。"说着妈妈的眼泪就掉下来了。我让小雯母亲放心，告诉她调整一下药物就会好的。

一个阳光的下午，小雯在玩游戏，我坐下来和她交谈。这次她已经不再防备，主动把在玩的游戏给我看。

"其实你最喜欢妈妈，对不对？前两天和妈妈闹矛盾了，是不是？"我问。她抿了抿嘴，点了点头。

她说："叔叔，我害怕一个人待着。前两天，妈妈和我在一张床睡，手拉着手，特别温暖。可是旁边的病人走了，空出了床，她晚上就不和我一起睡了。我感到特别孤独，心里空落落的。我也不知道为什么发火，就是很不舒服。"她看上去有些自责。

"你想妈妈永远陪在你身边，不去外面打工？"我问。她点点头，然后又摇摇头："如果她真的留下来，就会有很多的家务活要干，会很辛苦。我还是希望她别在我身边，要不太累了。"她皱着眉头，一肚子的心事。

"要是你想妈妈了，怎么办？"我问。"我打电话给她。"然后，她叹了一口气："有时又不想打。"

"怕她担心？"我问道。"她总会哭，我要是跟她说我心情不好了，或告诉她家里一些不好的事情，她就会哭。"她又叹了口气。

"烦心事你也可以告诉爸爸啊！"我说。

"爸爸很忙，他会买书给我看。"她忙着把爸爸给她买的各种心理书端给我看。

我问她："经常想奶奶吗？"她想了一会儿说："我想，但又不敢想。"我很疑惑，她补充说："我怕奶奶把我带走。"

我想到她曾经说过晚上能听到一种奇怪的声音的事情，"你是担心奶奶晚上会来找你吧？"我问。

她很小心地跟我说："他们说如果是自己的亲人，死了以后会回来找的。"

我告诉她，如果是亲人，都会希望对方过得更好，就像你希望妈妈能轻松一样。

过了一周，查房时小雯悄悄告诉我："邻床的小姐姐不想吃饭，你劝劝她吧！"我反问小雯："你劝过姐姐吗？""我劝了"，她着急地说："我送了毛绒玩具给她，她都不搭理我。"

对小雯的成长氛围，我慢慢理出了线索：小雯生活在一个大家庭里，家里的爷爷、奶奶、叔叔、婶婶都非常爱护她，而她聪慧活泼、乖巧可人、善解人意，也深得大家欢喜。一大家子里的人都会把遇到的细琐的矛盾一股脑地说给小雯听。

由于母亲长期在外打工，父亲在这个家庭里处于隐忍地位，小雯自小就养成了情感丰富、懂事明理、体贴他人的性格，遇到家庭矛盾，很多时候她并不像同龄的孩子那般任性、单纯地发泄，反而像个小大人，心事重重，处处体谅大人的想法。母亲长期在外，婆媳妯娌之间难免会有间隙，她们常常并不顾及小雯的感受，一个劲地争吵。小雯心里有自己的看法，但处处表现隐忍。

小雯有一副热心肠，在与邻床病友的相处中就能看出她愿意帮助别人，甚至会想方设法为别人解决问题。同样，在大家庭中，她常常主动地担负起这份职责,但大人的事情过于复杂,不是靠她自己单纯的付出可以解决。一个孩子去处理大人世界里的问题,小雯常常有挫败感。

对妈妈,小雯更想保护她不受到伤害,尽管内心深处渴望妈妈的陪伴,但又担心妈妈的能力适应不了这个大家庭的氛围。每每看到在外面忙碌的母亲偶尔回家后又要负责全家人的吃喝以及承担繁重的家务,小雯心里阵阵发痛。而母亲也总无所适从,常常需要小雯来做决定,过度依顺着小雯的想法,没有帮助小雯分担困惑的能力。这种种的纠结,让小雯在心理上产生了莫大的压力,她想按照自己的想法促成家庭和谐,可是大人们又无视她的存在,不在意她的想法。

心理的压力会转化为躯体疾病。小雯出现胃痛,一方面是吸引大家的注意力来关注自己,另一方面也可以让妈妈回来陪在自己身边。奶奶突然去世的意外事件是诱因,在缺乏心理支持和安全感的环境下,小雯出现了创伤后应激反应,因此会有紧张、害怕、恐惧的情绪发作,由于没有得到很好的介入疏导,出现抑郁情绪,最终转化为躯体化表现,导致胃痛、呕吐。

我试图分析孩子入学后会频繁出现症状的原因。小雯曾经告诉我,她的好朋友在微信里问她得了什么奇怪的病,她觉得很难解释。她曾问我:"我回家后,该怎么和同学说我的病?"她害怕面对自己心理疾病的窘状,害怕面对异样的眼光,担心承受来自学校和同学的压力,于是她选择退缩,将自己封闭起来。而每一次入校都会让她的心理承受一次打击,潜意识引起胃痛、呕吐发作,作为避免伤害的一种保护。

我们给她心理暗示治疗,小雯的依从性很好,每次辅导她都很认真、很专注地聆听。虽然住院的时光有时非常枯燥,但是她会想着方法让大家快乐,很快她和周围的病友以及医生护士成了好朋友,大家都亲切地称她为"开心果"。

临出院的时候,她跑到我的办公室。

"我有些害怕回去,"她怯怯地说,"我害怕他们复杂的爱。"这是我第一次听到她对爱的解读。

我告诉她:"做个孩子,别做大人。"她抿着嘴冲我一笑。

出院前她曾偷空溜回了家,与我告别的时候,她欢快得像个小鸟:"回家真好,他们都非常想我!我的朋友也来了。我好开心!"

小雯妈妈告诉我,她决定留下来陪在小雯身边,与她一起成长!

不久后小雯写了首诗用微信传给我:"爱在悄悄蔓延并绽放它的光彩,我则站在那最灿烂的地方触摸星光。"

家庭教养模式分析

孩子的问题:敏感,隐忍,恐惧,安全感缺乏。

① 与母亲分离,缺少安全感,容易受暗示。因奶奶去世的生活事件产生创伤性应激障碍。

② 处于矛盾家庭中,各种压力交织,加上天性敏感,自己无所适从。

③ 试图用孩子的想法理解大人世界,用孩子的方式解决问题,没有能力解决反而增加挫败感。

④ 过于懂事，隐忍情绪，没有宣泄的途径。

⑤ 对自己有要求，在乎外人的评价，寻求完美。

家长的问题：家庭关系复杂，给孩子强加过多的压力，并将大人的混乱关系强加给孩子。父母亲缺乏对孩子的情感关怀，而且过多地将个人的问题呈现给孩子，增加孩子的压力，并让心思深重的孩子过早地介入大人世界。

本案例家庭教育模式属于顺从型。

安全感是心理健康的基础，有安全感的孩子才能有自信和自尊，才能与他人建立信任的人际关系，积极挖掘自身的潜能。而缺乏安全感的孩子更多地会感知到孤独和被拒绝，对他人通常持有不信任、嫉妒、傲慢甚至仇恨和敌视的态度，行为上也更容易出现逃避、退缩或者攻击性的行为，较难建立良好的人际关系。缺乏安全感也是多种心理疾病的隐患之一。

著名人本主义心理学家马斯洛认为，安全感是决定心理健康最重要的因素之一，甚至可以被看作是心理健康的同义词。

社会文化精神分析的代表霍尼（Karen Horney）认为，儿童在早期有两种基本的需要：安全的需要和满足的需要，这两种需要的满足完全依赖于父母。当父母不能满足儿童这两种需要时，儿童就会产生焦虑。即如果父母不能满足儿童安全的需要（如父母不能向孩子提供持续的、稳定的、持之以恒、前后一致的、合理的爱），儿童就会缺乏安全感。

① 奶奶去世后小雯出现创伤后应激障碍,这其实是源于她安全感的缺乏。缺乏安全感也是多种心理疾病的隐患之一。缺乏父母的情感关怀,面对复杂的家庭关系以及过多的压力,使小雯无法从应激事件中走出来,继而出现抑郁等情绪,并出现呕吐、胃痛等躯体化症状。应该认识到,呕吐、胃痛也是她逃避现实生活的一种方式。

② 父母要及早关注孩子的心理状态,给予爱护,增加其安全感,建立良好的保护机制。不要过多地将成人世界的纷繁和复杂呈现给孩子,让孩子来解决矛盾。父母要更多地承担家庭责任,给予孩子引领示范。

小驴个子不高却绑着高跷要学长颈鹿一样够树叶吃,结果摔了一大跤。有些孩子能力还有限,却要承担成人世界的事情,解决大人的问题,以至于承受不了压力而心理崩溃。

"我想有个安静的地方,但是我的世界里充满了大人的问题,一个又一个,没有穷尽。"

一早起来会头晕的女孩

第一次见媛媛,是她自己先跑来见我,想搞明白自己吃的药是不是对的。我向她解释后,她才如释重负。

我了解了她的情况:主诉头晕,而且有明显的节律性,每天早上起床时发作频率最高,严重的时候无法站立,发生过栽倒事件,但很少恶心呕吐。从9岁开始发作,持续至今,为此整个初中几乎休学在家。

媛媛今年15岁,给我的印象是很沉着,说话有条理,逻辑性很强,没有童真气质,显得老练持重。我与她交谈时,她会停顿一下,话语在脑子中梳理一下再作出冷静的回答。

"一早起来会头晕的现象持续多久了?"我问。她很肯定地说道:"6年了。总是在起床的时候发生,天旋地转而且无法站立。"

我问:"影响学习吗?""小学四年级的时候休了半年,后来初中断断续续休学了2年。不过在家里学习挺好,没有影响到成绩。"她说。

我夸奖她的自学能力,她嘴角上翘,眼睛里有一份得意。她继续解释道:"我不喜欢学校热闹的氛围,一个人清净很好。"

"不觉得孤独吗?"我问。"怎么会?我可以安排好我的学习生活。"她表现出很享受的样子。

"你喜欢自由?"我问。她点点头:"谁都喜欢。"

第一次谈话媛媛显得被动,有所防备,主管的小张医生也说她在治疗的愿望上并不积极。

几天后我走进她的病房,她对我表现得礼貌而尊重。我看到她松弛的状态就知道她的疗效不错,她已经对我们放松了警惕,产生了信任。

"我觉得自己好多了,医生护士常来给我疏导,我喜欢这儿。"她说。她妈妈也在一旁一同附和着。我让妈妈陪在身边谈话,这个老成持重的孩子,她的问题可能更多来自父母!

"能说说最初当头晕发生的时候家里是什么情况?"我单刀直入。她停顿了一下,把脸转向母亲:"还是让妈妈说吧,那一段日子太难受了!"

妈妈眼圈红了,我意料到这是一个很难的故事,我等待她的诉说。

妈妈说:"那段时间家里乱成一团,我身体出了状况,她爸爸的高血压又犯了,而我的母亲当时又因为开刀需要人照顾。最重要的是我和她爸的关系不好,常常吵架,孩子遭罪。"母亲眼睛湿了。

懂事的媛媛马上把话接了过来:"每天我只能躲在被子里哭,告诉自己一定要帮他们渡过这一关。"

妈妈更是泪流满面:"这孩子特别体贴人,那段时间因为工作上的事和家里的事,她爸脾气特别坏,要求媛媛必须在晚上9点之前完成作业。为了让她有时间概念,到了9点就将她的书包锁在大人的卧房。可是孩子6点放学回来,7点钟开始要弹一个半小时的琴,学校有那么多门学科,根本完成不了作业。她就等晚上我们睡着了,偷偷将书包从我们的卧房拿出来,等写完作业再悄悄地放回去。有时候一个晚上都不睡觉。"

"当时你知道吗?"我问妈妈。"我不知道,这也是媛媛后来告诉我的。那时因为我身体不好,根本顾不上她,也觉得她爸是对的。"

"你是说你和她父亲在学习上对她的要求是一致的?她不敢跟你说这些?"我问。她惭愧地点点头。

媛媛接过话题说道:"那时我考上的小学是当地最好的,学习压力很大,周六周日的补习班排得满满的。我还要弹琴,他们给我请了一个钢琴老师,特别凶,如果我弹不好,尺子就会打在手和肩背上,我的背上经常是青一块紫一块的。为了不弹琴,我就将手故意夹在门缝里。"妈妈捂着嘴一直在呻吟,女儿的眼泪也忍不住地向下滑。

"为什么不告诉妈妈你的想法呢?"我问。她哽咽道:"他们已经够忙了,我不想他们为我操心,再说,他们也不会同意的。"

"所以你就自己解决问题?"我问。"我把手指压坏了,他们就不再让我弹琴了。我当时实在受不了了,这是我唯一的办法。"她语气很坚决。

"那么后来的头晕是不是让你的感觉也很好?"我试探道。她想了一会儿:"头晕发作的时候会很难受,但是不用再上辅导班,也不用再为不弹琴编排理由了。"

我继续问道:"你很享受这种自由吗?"她看了一眼母亲,道:

"我喜欢一个人待着。"

我问:"你跟妈妈谈过你的感受吗?"她瞅了瞅母亲,母亲鼓励地望着她。"他们都很固执,觉得一个人必须非常努力和强大,如果我抱怨,他们会觉得我没出息。如果我哭,他们不会安慰,只会责怪我。后来我都不怎么会哭了。"

我继续问道:"自从你生病后,你和爸爸妈妈的沟通是不是多了?"我问。"他们也熬过了一段很艰难的日子。我有这个毛病后,他们对我更加关心了,愿意倾听我的想法。但是他们非常纠结,我能感受他们的焦虑。"

"所以你总是想安慰他们,让他们觉得你好些了。你还是会去掩饰自己,是吗?"我问道。她点点头;"我也纠结,害怕他们伤心,总想尽量呈现好的一面,可是又觉得很累,身心疲惫。有一次爸爸跟我说'你的笑容为什么总是假假的,而没有真心灿烂?'我甚至都不知道怎么去表达自己。"妈妈在旁边默默地流泪,我能感受到她深深的歉疚和痛楚。

妈妈哽咽着对媛媛道:"可是你知道妈妈现在更希望你是个会撒娇、逆反、使性子的孩子,真正像个孩子的孩子。"媛媛的眼泪像决堤的大坝哗哗地倾泻下来。这么多年的隐忍和委屈完全地得到释放,此时只需要她们静静地待在一起,去抚慰彼此的心灵。

我曾问过母亲与父亲的关系,母亲很会掩饰,告诉我说现在很好,但我每次看到父亲和母亲单独在一起时总是很拘谨。他们之间一定有些暗礁,而且到现在也没有解决好,所以他们在孩子面前的表演往往让孩子感受表演的含义,装裱自己来保护别人。

媛媛从小所受的教育传统刻板,父母均为高学历的行政人员,对孩子有较高的要求，把他们的观念强植在孩子身上。媛媛善解人意，细心体贴，在学校里她是班干部，组织管理能力很强，有主见有想法，被尊称为"大姐大"。在家里，她同样扮演了这样的角色，她会体恤父母，隐忍压力，特别是父母发生实质的矛盾后她无法靠个人力量解决问题，这会让她忧心忡忡，一个懂事敏感的孩子往往比一般粗放的孩子承受的压力更大。她需要排解，但父母已经是自顾不暇，她只能依靠自己。

把手夹伤来对付钢琴老师，让自己承受身体痛苦来摆脱老师的高压，使她身心得到解放。头晕也是对父母的模仿。我后来了解到，媛媛母亲有过头晕现象，而父亲因为高血压发作也会头晕。对于孩子来讲，父母头晕的事件会在潜意识里加深印象，最后通过模仿变成一种现实情境。父母的头晕常出现在早上，于是在媛媛身上早上雷同的现象也屡屡发生。在头晕事件成为规避压力的理由并奏效后，她的潜意识更愿意这样的状态发生，从而得到非常良好的结果去减轻压力。

媛媛的情感担负着更多的责任，她处处为父母着想，喜欢将父母的问题归咎在自己身上，自责自怨，又不会释放压力。她思虑过重，以致提前了她的心智年龄，扭曲了原本孩子该有的心灵位置。她总想通过自己的牺牲、隐忍和自我付出来改善父母的关系，失去孩子本该有的童真、顽劣、任性、感性，而过多地代之以懂事、体恤，最终自己的压力堆满胸腔，无法释放。头晕的发生虽然是她所希望的，因为这样化解了自己的很多压力，但同时会让父母担心自己的头晕，又成为她新的负担，如此无穷无尽。

父母需要不带任何观点地接纳孩子、理解孩子，而不是施加或者强制执行自己的想法,并使之成为一个无法反驳的理由,要给予更多的支持和抚慰,让孩子的各种冲突、压力和情绪得到适当的宣泄和排解。通过沟通、倾诉、放松,重建正常的家庭和亲子关系。

几周的家庭治疗和心理咨询,让媛媛变得轻松开朗起来,她会躺在妈妈的怀里,母女一起读书,父亲则在一边看着,不说话。

出院的那天,媛媛快乐得像个百灵鸟,她告诉我她很爱她的家,但没有找到好的方式,现在她会了,那就是在父母面前要做个感性的孩子,积极地解决问题,而不是自己背负太多。

家庭教养模式分析

孩子的问题:隐忍、心思过重,试图解决成人问题,压力沉积,有躯体化障碍。

① 过于敏感,自责自怨,把家庭的问题变成自己的问题。

② 过于早熟,不符合相应年龄段心理,不会排解压力,甚至认知自我承受才是救赎。

③ 害怕压力,寻求放松和安静。

家长的问题:过度强调家庭规矩,给孩子造成压力,父母之间的问题没有很好地解决,表演性的生活,让孩子也遵从这种方式。不会共同商量解决问题,缺乏对孩子的关注和理解。

本案例家庭教育模式属于强制权威型。

心理咨询师的话

家庭在躯体化的形成中起着非常重要的作用。国外学者

Livingston等报道,父母的躯体化、物质滥用和反社会性是孩子躯体化障碍的诱因。

有研究表明:父母不良养育方式对儿童的性格、行为及心理等可产生负面影响。父母是孩子的第一任老师,儿童时期父母的言行,对孩子起着潜移默化的影响作用。父母的理解、温暖与拒绝、否认是一个维度的两极。孩子通过与父母的接触,内化父母的态度,形成对自己和外部世界的感知。人的社会化和人格发展中,最重要的影响来自父母的教养态度和方式,不良的父母教养方式是子女不良人格特征和心理问题的危险因素。

① 这是一例典型的心因性反应症。媛媛母亲有过头晕现象,而父亲因为高血压发作也会头晕,父母的暗示以及自我暗示再加上儿童心理发育不健全,应对生活事件的能力没有很好地建立起来,面对各种压力,媛媛用头晕来逃避这一切,在反复验证奏效后,这种症状被固定下来了了。

② 父母要和谐家庭关系,宽松家庭氛围,共同分担并解决问题。教育孩子学会如何宣泄情绪,合理地排解压力。

池塘是小鸭子待的地方，可它偏要见识一下海浪的威猛，结果巨浪一来它就经不住吓跑了。每个人要定位好自己，不要做超出自己的能力而无法承担的事情。

"它总是在那儿等我,我不得不跟着它,如影随形。"

我是不是拿了别人的东西?

这个女孩见到我时有些紧张,但和她交谈的时候,她还是想尽量轻松一些,扬起脸来笑一笑,只是很勉强。

她叫莎莎,今年17岁,上高一的时候发现自己常常为"是不是拿了别人的东西"而烦恼,以后这种意识越来越强,甚至会成天考虑"门有没有关好"。因为考虑的事情很多,影响了成绩,母亲也常发现她会独自发呆,带她就诊了几家医院,也吃了些药,却都没有效果。前段时间她们在门诊找到我,我接诊后,母亲觉得莎莎有些起色,趁着放假坚持让她住院治疗。

莎莎和我说话的时候,语言很破碎,需要我不断地启发。当我快要触及她症状要害的时候,她又极力解释回避,想证明这只是偶然现象。

我问她:"有朋友吗?"她说:"初中没有,到了高中,觉得需要有朋友做个伴,但也不是特别喜欢,能谈得来,不是特别亲近。"过了一会儿又说:"她挺好的,我也喜欢她,算是朋友。"她似乎对很多事情都不确定。

她告诉我,对一些事情产生怀疑后,她想去确认自己的怀疑是否有依据,但大多数时候这种假想都没有结果。我问她:"既然没有结果,为什么还要去纠结呢?"她又回避道:"有的时候也会有结果,就会暗示我可能这种怀疑是对的。"

我问:"你总是想要证实它吗?"她想了想,又摇摇头:"也不是,好像它总是在那里等着你。当有另一个想法出现的时候,就会忘记前面的问题,而去纠缠另一个问题。"

我继续问她:"你常会担心拿别人的东西?"她又习惯性地回避:"也不是,但大多时候是。"

我问:"老师提问你会紧张吗?"她笑了笑:"怎么会?只是回答一个问题而已。"

我问:"那如果让你拿样东西呢?"她迟疑了一下:"我会不情愿,实在老师要求,我会比较紧张,检查一下自己手里是否有东西,交给他后我会担心自己没有交给别人,晚上会翻来覆去地回忆自己是否交给他了。"

我试着问:"你自己的东西丢了会在意吗?"她回答道:"不会。就是担心会拿了别人的东西,所以常常会检查我的书包,以确定没有别人的东西。如果外出,或者到别人家,我都会握着手,生怕自己会拿别人的东西。"我问:"有过这样的经历吗?"她沉默了一会儿:"没有。"我留意她的手,果真一直握着拳头。

我又问:"你和父母,与谁更亲切些?"她想了想:"过去和妈妈更亲些,现在都挺好的。"她扬起脸让我看到她的轻松。"爸爸经常出差,一星期才能回来一趟,大多时间都和妈妈一起。"

我问:"有心事的话会和妈妈聊吗?"她想了想:"也没有什么心

事呀！只是我有些想法，妈妈不是特别理解。"她停顿了一下，继续说道："比如我的东西掉在地上，被同学拿起来放在桌子上，我会疑问他怎么会知道这是我的东西，会不会他弄错了。"

我问："对此，妈妈怎么觉得？""妈妈觉得我是没事瞎想，"她说："我总是想求证一些事情，过去我会想，现在我会写下来，结果发现，我写下来的东西与事实不相符。所以我现在发现别人也没有那么重要。"

我换了话题："你成绩怎么样？"她说："初中还可以，高中就差了，不太好。"她似乎不愿意我再问，头望了望窗外。她又解释道："我只是不想学，心情不好，听不进去，更不想写作业。"

我问："为什么会心情不好？"她犹豫了一下："不知道。"

我决定和她的母亲聊一聊。她的母亲虽然矮小，却显得精干，语言直接，透着坚决。我让她谈谈孩子的情况，她显得很谨慎，直到我把关键信息告诉她，她才放松下来。她向我讲述了莎莎的一段不寻常的经历。

莎莎小学二年级的时候，和她的同桌发生了一次很大的争执，因为两人的橡皮是一样的，莎莎认为这块橡皮应该是她的，她的同桌则咬定是自己的，于是两人在课堂上扭打起来。因为是莎莎先动手，老师让莎莎写检查并当着全班同学的面道歉。一个星期后，莎莎在家里找到了那块橡皮，虽然莎莎当时没有说什么，但是自此以后她变得心事重重，开始对一些事情不太确定。上了初中，有一次她的课本莫名其妙不见了，过了一个月又被发现放在课桌抽屉里。因为她有之前的阴影，父母都没敢过多追问丢课本的事。

随后母亲叹了一口气："这孩子和一般的孩子不一样，想问题很奇怪。小学低年级的时候还不错,性格也挺好,到了小学五年级,学习压力大了,许多问题就来了。他父亲常年在外,我又要上班,老师经常打电话给我,不得已,我只好辞职来管她的学习。一开始管管学习上去了些,但以后就再也放不了手。"

母亲接着说:"这孩子条理性特别差,我认为应该能做好的事情她就是做不好,很小的时候我就想培养她这方面的能力。她不愿意收拾自己的东西,我就把她心爱的玩具扔到楼下去,起初她会跑到楼下捡起来,到后来,你扔任何物品她都无动于衷,再贵重都没用,为这事我骂破了嗓子。因为条理差,所以她的学习能力差,成绩自然上不去。"

母亲数落着:"这孩子还特别内向,没什么朋友,我们要带她出去玩玩,她也没有什么兴趣,总是将自己关在房间里。我确实经常和她聊,可是她只会哼哼,很少和我说心里话。"

我问:"你是怎么和她聊的?"母亲话多了起来:"我告诉她什么是正确的方法,应该怎么规划学习、收拾东西,可是说得越多,她越粗心,越是把自己的书桌搞得一团糟。初中的时候我训斥她比较多,中考前发现她总是发呆,甚至有些强迫意识,我有些担心,也咨询过医生。上了高一后,她的成绩掉得更厉害了,而且因为是住校,情绪上很低落,没有朋友,老师对她评价是不合群。最重要的是她总是害怕拿了别人的东西,无论是上课还是在寝室,都很焦虑,似乎总是担心会发生可怕的事情。"

我问:"她自己愿意来看病吗?"母亲说:"好像无所谓,她很被动,很多都由着我安排。"

从谈话中,我发现母亲是一个做事极为认真且要求很高的一个人。她原本在一所福利非常好的企业做管理工作，但是为了女儿她放弃了自己的事业，所以她把所有的精力都投到对女儿的学习教育上，希望有所成就。由于自己付出较大，必然求胜心切，这种急于获得结果的功利心理却给女儿造成极大的伤害，特别是对一个内心敏感、个性较强的孩子来讲，更是雪上加霜。女儿从小在母亲的指令要求下长大，缺少父爱的庇护。在同学和老师的眼里，莎莎是个失败者；而在母亲的数落下，莎莎更觉得自卑，自身毫无是处。母亲对莎莎的生活自理能力严厉斥责，莎莎因为害怕犯错而总是犯错，这些强烈的压力将莎莎推入不自信的深渊。在小学发生丢橡皮事件后，莎莎越发怀疑自己的能力，进而怀疑自己所做的任何事情，产生强烈的焦虑意识，最终发生强迫行为。

对于具有强迫思维、强迫行为的孩子来讲，家人的强迫意识往往占据主导地位，母亲的过度要求，父亲角色的缺失，没有外援的引导，让孩子的心理发生扭曲。她没有可以倾诉的对象，只有紧张、担心、畏惧、做错事的心理，特别是幼时的阴影没有得到及时的抚慰和疏导，以至于她坚定地认为自己会犯错。拳头紧握、在公共场合中四处顾盼，都是一种防御措施，也是没有安全感的表现。安全感的缺失，会对孩子造成一辈子的心理创伤，会让他们表现出焦虑不安，担心害怕，强迫退缩。作为父母来讲，稳定的家庭结构、宽松的和谐氛围、包容等待的心理至关重要。

几天后我在医院走廊上遇到了莎莎，莎莎见到我时笑得有些勉强。我问她："最近好吗？"她点点头，停顿了一会儿，抬头看着我，眯起了眼睛，说："好像是不用总想一件事，想到拿东西的事情当时会紧张一下，接下来就可以忘记了。但还是情绪不高，没什么兴趣。"

一个月后,我听到她在走廊里哼着曲子,声音很低,却透着轻松。

莎莎一直不愿意出院,她似乎很喜欢这种安稳的呵护,母亲把她看作病人,周围的人都对她示好友善,她的内心不再那么焦虑,而是获得了一种关爱和保护,父亲也常常来看她,对她轻言细语。

她不想离开,出院前两天又出现焦虑,脾气和性情又变得古怪焦躁。

莎莎需要稳定、宽松的环境,我并不清楚回去后她会怎样,但如果她的父母能愿意留住她的欢笑,留住她内心的安宁,珍爱她,怜爱她,她应该会好起来。

家庭教养模式分析

孩子的问题:自卑、封闭、胆怯,担心多疑,过度强迫行为。

① 受幼时不良生活事件的刺激,对自己质疑,导致没有自信,对自己完全不信任。

② 从小的生活环境中,母亲过于强势和要求,父亲疏离,造成自卑多疑的性格。

③ 缺乏爱护和关注,封闭自我,社会交往障碍。

家长的问题:过度要求,强势权威,对孩子的不信任造成孩子的不自信,评价体系过于功利,不尊重孩子成长心理特点,过度扭曲。在孩子青春期这一特殊心理期,没有给予针对性的关注,相反代替强迫和责骂。

本案例家庭教育模式属于权威强势型。

心理咨询师的话

心理学家马斯洛将人的动机构造大致分为三类：① 满足身体要求的动机(如温暖、饥饱、爱抚、安全等)；② 自我和种族保护、生存的动机(如性爱、同情、社会地位、身份和名誉等)；③ 自我发展、创造实现的动机(如个人事业、自我表现、自我创造和体现优越性等)。如果第一层次动机未满足，会导致个体产生身心疾病；如果第二层次动机未满足，会导致个体产生人际关系障碍；如果第三层次未满足，会导致个体产生精神疾病。

强迫症患者的自我意识和动机非常强，并以神经质的过敏作为显著的病理特征。由于过敏和疑虑，在人际关系、社交中产生种种不安全感，但对不安全感采取僵硬的自我防卫、自我封闭的机制。这种防卫机制的僵化又进一步强化了强迫症。强迫症患者正是在不断的自我防御过程中，产生了过多的自我确定性、安全性等问题。

① 很显然，莎莎是一个典型的强迫症患者。小学时发生丢橡皮不良事件后，莎莎开始怀疑自己做的任何事情，出现强烈的紧张焦虑情绪。由于这种情绪没有被很好地疏导，孩子自身在处理一些问题时又缺乏弹性，最终只能通过出现强迫症状表达出来。

② 父母应多对孩子关爱支持，给予鼓励和正向引导，培养其自信心，帮助其构建社会适应和交往能力。

小袋鼠在妈妈的口袋里没有安全感,在安全口袋里依然感到困惑和质疑。作为母亲,要反省自己是否给足了孩子真正的安全感受,得到了孩子的信任。

"我惊恐得像只小鸟,可是小鸟能飞向天空,而我只能走向惊恐。"

我该吃什么?

"叔叔,这是我今天的食谱记录。"安妮怯怯地递给我一个薄薄的本子,我审视着这个年龄 15 岁,但体重不到 40 斤的羸弱女孩。

安妮是我见过年纪最小的神经性厌食症患者,因为瘦弱,整个人像一张纸般轻薄瘦小。我记得她刚进病房的样子,嶙峋的骨头似乎要撑破皮肤,两只大大的眼睛盯着我,好像在说:"救救我,医生!"安妮一直表现得很顺从,积极地配合治疗,一个人的时候安静得像空气,每天除了画画,必定会记录自己的食谱量。

我认真地看着她手写的、但如机器印刷般的刻板字体,就如她一般拘谨和乏力。上面写着:"早餐:鸡蛋一个,桂圆银耳汤(红枣 3 个,桂圆 4 个,银耳 5 片)",细致得连汤的毫升数都标出。安妮妈妈在一旁告诉我,安妮平时喝牛奶,一定是用量杯度量的,一丝不差她才安心。她还记录了一些体会,但刻意的表述似乎更像是给别人看的。

安妮今年上高一,中考前后患上了厌食症,体重从 100 斤降到 38 斤,而且出现了闭经、贫血的症状。由于身体的状况,不得不休学在家。

我和她拉开话茬并不困难,她坐正了身体看着你,就像个认真聆听的学生。

"什么时候开始不想吃东西的?"我问道。她的回答像背书一样,很有条理:"中考的时候,压力很大,功课又紧,学校食堂的饭不好吃。因为晚上有自习课,下午3点多钟学校会发一些饼干、牛奶之类的小点心,吃了点心后回家吃晚饭的时候就不想吃。后来就越来越瘦,几乎一周要掉一斤肉。"

"吃东西的时候什么感觉?"我问。"感觉很胀,肚子胀得难受。我怕这种感觉,所以常常会偷偷地倒饭,把饭藏起来。"她说道。

"你吃得少,爸爸妈妈不是很担心吗?"我追问道。"是啊!我吃得少,他们担心,所以总是会逼我吃,每次吃饭的时候就成了我最痛苦的时候。我一说肚子胀,他们就会特别担心,所以我总是吃下去再吐出来。"她有些着急,看得出她对父母的担忧。

"你总是很怕吗?"我问。似乎我说到了她的症结,她非常用力地点点头。"我很怕,怕吃得太多后肚子胀,也怕……"她略有些迟疑。我将身体向前倾了一下,将手张开,笑着看她。

她放松了一些,说:"我怕和同学说话。"我猜到了这样的结果,并没有追问,继续听她的倾诉:"每次中午吃饭是同学们都在一起的时候,我却想避开这样的场面,怕和他们在一起相处,所以我常常吃得很少,这样能很快地离开人群去做作业。"

"你有朋友吗"我问道。"小学的时候有,但后来因为和一个朋友闹别扭,她说再也不和我玩了,我怕失去她,总是去讨好她。到上了中学我发现,我越是顺从别人、讨好别人,我却越没有朋友!

他们好像当我不存在,我不知道该怎么办?"她用力地搓着手。

"你没有和妈妈谈谈心吗?"我问。她有些勉强:"也说过,但是她认为只要学习好,就可以获得尊重和认可。"

"那么,你觉得学习好是被人认可的方式吗?"我问。她想了一会儿,说:"过去觉得是的,我现在觉得根本不是,虽然老师很认可我,我也能够从表扬中获得快乐,但同学们并不接受,相反,他们与我保持距离,而我也很容易患得患失。"

能够放下学业,敢于接受心理治疗,对于这样一个用成绩这一唯一的度量标准来评判自己的孩子,我能意识到她内心的挣扎。我鼓励她:"你能来住院,接受心理治疗很不容易。""我很早就意识到我心理有问题,只是不敢面对。"她很坦白地说,"我做了很多检查,吃了很多的药,我一直以为自己可能是身体有病,我甚至希望是有病,但是一直没有明确的结果。"

"你接受你有心理问题吗?"我问。她苦笑了一下:"我必须接受,妈妈说我应该回到学校去,我也想。"

每次查房,总看到安妮不是画画就是看课本,或者写食谱日记,其他孩子人手一个 iPad 沉醉在电子网络世界里逍遥,而这些几乎和她完全没有关系。我在门口远远地观察她,发现她在画画的时候很迟疑,一会儿拿起笔,一会儿又去摸摸橡皮,橡皮的摆放游移不定,挪动很多遍才放到一个固定位置上,甚至会将方向调整好。

一天,我走进病房时她正拿着笔,想放下,又迟疑,犹豫了好一会儿才将笔紧靠着橡皮放好。我故意轻松问道:"你最喜欢的明星是谁?"她看上去很吃惊:"我不喜欢追星,这不好。"她很否定追星,反而很奇怪我会问这样的问题,然后追加了一句:"妈妈说这样不好。"

"那你喜欢什么?"我疑惑地询问。"《新闻联播》。"

我更加好奇:"关于什么内容?"她被我问得有些尴尬,不得不回复道:"其实也没有,我很少了解的,只是妈妈说这个对我好。"

我换了个问题:"你和妈妈会吵架吗?"她看着我有些犹豫地说:"也吵。""吵架后是你认输,还是妈妈来安慰你?"我问。她叹了口气:"都是我认输,妈妈也很辛苦的,我不想她难受。"我明显地感受到她的无奈。

一周后,安妮自己主动推开我的办公室,她看上去很焦虑:"我觉得我找到原因了,是因为我害怕。""害怕什么?"我问。"害怕吃多了肚子胀,害怕父母担心唠叨,害怕和同学说话。"她一口气说了几个害怕。

"你到底怕什么?"我靠近她。她疑惑了一会儿:"我不知道,我也许害怕我总是有害怕的这种想法。"

"学习的时候害怕吗?"我问。"学习的时候可以找到快乐,但常常会纠结。"她沉浸在思索里,想细致准确地分析自己,"比如说我常常在做作业和定计划上纠结半天。我想选择数学先做,但是又觉得需要思考太多而浪费时间;先做轻松的英语,可是又担心后面时间不够。我会把一个小时的时间都浪费在选择上,所以经常很晚睡觉。"

"你自己做过决定吗?"我的问话让她怔了一下,她想了好半天,没有回答我。我轻轻问道:"都是妈妈做决定的?"她努力地思索着,然后点点头。她把攥在手里的本子递给我,里面照例记录着每天的食谱定量,她似乎想从我这里得到对她的肯定。

"每天是否会在哪个先吃、哪个后吃上有纠结?"我问。"是的。"她看上去有些急不可耐,"我本以为通过记录可以了解我的进餐情况,但是我常常纠结先吃哪个、该怎么吃的问题。"

"别担心,一步步来,先不记录了,我们做做运动好吗?"我安慰她。

安妮按着我的要求,每天会做一套简易操,上、下午在走廊上各走10圈,和妈妈打球。安妮慢慢话多了,走路步伐稳健了,脸上有了淡淡的红晕,体重增加了2斤。

可是几天后,主管护师告诉我,安妮发脾气,不肯挂水吃药。我又单独约谈了她。这个孩子总是心事重重,有一份沉重的焦虑,在她内心里到底在怕什么?

见到我她有些不好意思,先道歉道:"我是在这里闷了,想回家才发脾气的。"我笑笑:"没事的,发发火很正常,老在医院待着确实枯燥,但咱们要看好病。"

"我能好吗?"她怯怯地问。"当然能好,原先有一个小姑娘比你体重还轻,是抬着进医院的,人家现在都已经大学毕业了。"我说。

"可我有心理问题。"她小声说道。"是什么问题?"我试探道。"我就是害怕,什么都害怕。我也并不知道怕什么。"她显得很焦灼。"吃饭的时候更怕些吗?"我问。她想了一会儿,点点头。"怕吃多了会得病?"我追问道。她又点点头:"好像是。"她似乎沉浸在自己的思绪里,好一会儿叹了口气:"我也不知道。"

安妮睁着大大的眼睛看着我,问:"叔叔,你能帮我吗?"安妮那无助的眼神触痛了我，一个高一的孩子要承担日夜的焦虑，而她并不知道这种焦虑来自哪里。

我了解到她的家庭情况：安妮的外婆很早就失去了老伴和儿子，他们都是因为肠癌离世的，安妮一直是由外婆带大的，虽然外公和舅舅去世的时候安妮还小，但在这样的环境下长大多多少少会影响安妮的个性。安妮的外婆非常悲观，一谈到家人的离世，她的眼泪就不自禁地落下。外婆告诉我，自己悲观沉重的情绪影响了孩子，只要说到过去的事，安妮就会陪着她一起流泪，所以安妮特别怕父母生病，怕一个人在家。

安妮自身的性格偏于胆小、畏惧、顺从，而母亲在家中绝对权威，安妮将母亲对自己学习上的要求作为唯一获取认可的目标，她绝对依从和屈服于家长决定，虽然也寻求自我突破，但因为个性懦弱无力，总是以失败而告终。如果说小学时她还可以有些自主的选择，到了中学，学习压力加大，父母要求提升，学校老师寄予更高的希望，她别无选择，甚至害怕选择。她告诉我，她和母亲的每一次争吵都会让她更加自卑，觉得自己更加失败，毫无用处。她已经学会放弃和服从，在生活的各个方面被完全安排而没有选择的权利，同样也失去了选择的能力。她变得手足无措，似乎每次的选择都意味着犯错，而自身胆怯的性格基础又增加了对自我的否定。当选择变成痛苦和纠结时，她只能放弃。

安妮敏感、紧张、恐惧，常常处于焦虑之中，外婆悲观厌世的情绪常常触痛安妮柔弱幼小的心灵，她常与外婆一同体会那份难以述说的沉重。当我提起她外公的去世，安妮的眼泪就会落下，而对一个完全都没有见过外公的孩子来讲，她承担了无法承受的恐惧。

其实她并不清晰地明了死亡的意义,但外婆释放的愁苦情绪让她深切地体会着寂寥和压抑。

她害怕疾病,家人的一丝不适都会让她惊恐,看到电视里播放生离死别的画面,她会感同身受。同样,对自己身体的轻微变化,她也敏感不安,潜意识里她惧怕疾病和死亡。过多的负面情绪造成负向思维定式,很多被动、不积极、无动力的状态反复发生,与她如影相随,安妮长期处在一种抑郁恐惧之中。

安妮对食物的厌恶更多地着力于害怕,在她与我的表述中频率最高的一句话就是"害怕肚子胀"。外公和舅舅均死于肠癌,胃肠道的反应在她潜意识里留下了深刻的烙印,她并不能分辨清楚是不是真的肚子发胀,但抵御不适反应最好的方法就是避免吃多,避免"肚子胀"这个结果的发生。

对安妮的治疗基于其家人认知的改变,母亲对既成的结果后悔不迭,外婆反省着自己沉闷悲观的性格对安妮造成的负面影响。家人在一起学习和体验家庭治疗的内涵,摒弃自身焦虑和抑郁等负面情绪,营造和谐安宁的家庭氛围。这是一只受惊的小鸟,一出生似乎就过多地感应到恐惧,生活在惊恐害怕当中,在黑暗中蜷缩。她需要的是打开一盏灯,推开一扇窗户,让阳光和温暖洒进来。

很快,几次心理疏导、正向思维的引导、目标规划的实施完成后,加上家庭支持疗法的综合作用,安妮的认知观念有了改变,情绪改进有了很大的起色,体重增加了10斤。

一个初雪的日子,安妮穿着一件红色的棉袄走进我的办公室,依然是那双大大的眼睛,却含着笑意。她羞涩地递给我她画的画,那是一只小鸟在枝头唱歌,枝头下面有花有草,还有蝴蝶在飞舞。

家庭教养模式分析

孩子的问题：惊恐、胆怯、强迫、易纠结、厌食、选择性困难。

① 自身基础性格偏胆小、怯弱，容易受暗示，生活被动。

② 家庭气氛过度严厉，导致处理问题不自信，担心出错，出现强迫行为。

③ 负向思维联想夸大，社会关系处理障碍。

家长的问题：家庭抑郁沉重的气氛，外婆的凄苦身世和消极悲观的生活态度，对孩子造成不良的影响。母亲强势权威，对孩子要求严厉，造成孩子性格懦弱，放弃自主权利。因为缺乏关爱和支持，与社会联系缺失，造成孩子思维封锁，泛化外公的疾病事件波及自己的感受，错误认为自己的身体也会发生问题。

本案例家庭教育模式属于权威强势型。

心理咨询师的话

建立儿童健康的心理防御机制的概念，最早由弗洛伊德提出，他认为"防御机制是自我应付本我的驱动、超我的压力和外在现实要求的心理措施和防御手段，以解除心理紧张，求得内心平衡。"此理论经过弗洛伊德的女儿安娜的扩充后，变得更加完善。安娜认为当内在和外在的刺激引起情绪冲动时，防御机制有摆脱不快和焦虑、控制过多的冲动行为、情感和本能欲望的作用，因此要帮助儿童建立成熟的心理防御机制。这其中最重要的一步，就是创设良好的家庭环境。家庭是儿童最先接受教育影响的地方,家庭氛围和父母教养方式不同,会影响儿童进而形成不同的人格特点。在和谐的家庭氛围以及通情达理父母的教养下,儿童很少动用不成熟的心理防御机制;相反,经常运用惩罚、限制方法的父母培养出来的孩子,则多采用消极的心理防御机制。

袁主任点评

① 这是一例典型的神经性厌食症患者,安妮的外公和舅舅因肠癌离世,外婆悲观的生活态度,母亲的强势权威,本身懦弱的性格,使安妮承受着自己无法承载的恐惧和害怕,更容易受暗示并出现对身体健康的认知扭曲,而错误地选择通过节食甚至是吃食物后呕吐来避免身体出现问题,最终发展成厌食症。

② 家长应多给予孩子温暖和支持,了解孩子的思想脉络,打开孩子的心结,构建宽松和谐的家庭氛围。

③ 家庭成员要有积极的心态,改变错误认知,帮助孩子建立社会关系。

小老鼠之前以为门洞里面的是一只怪物,心生恐惧,但当洞门打开后,里面飞出的却是一只可爱的小鸟。我们面对陌生的人和事或者面对问题和困难,往往会退缩、畏惧,用负向思维去夸大负性联想,夸大事物的恶性后果。其实,当真正主动选择的时候,会发现事情往往并不如想象中那么可怕、那么难以解决。

"我想自己走过,可是力不从心。母亲的爱就像细密的网,我越想挣脱,它束得越紧,直到我死去。"

我和母亲的战争

方向刚到我诊室的时候给我的印象很深,他双手紧搂着胸口,脚上鞋子很大,走路拖着响声。坐到跟前才发现这还是个面容稚嫩的孩子,戴着眼镜,很有书卷俊秀气,但是眼光离散,带着鄙夷。他慵懒地坐在椅子上,一副漫不经心的样子。她的母亲头发花白,小心谨慎地陪在身边。

方向的故事很长,是因为中考后父母没有兑现奖励而出现了精神障碍和躯体化症状,以致无法上学。我与方向在门诊聊了一会儿,他一直闭口不谈,锐利的眼光透过玻璃片探寻着什么。

方向是在母亲的催促下,才同意住院治疗的。方向并不认为自己有病,住院后不配合心理治疗,常常不在病房待着,更多的是和病友们在病区的露台上谈笑,看上去很是开心。母亲总是小心陪着,时不时地张望他,满含深情和愧意。

我和方向的谈话并不顺利,他基本上不正面回答我的问题,更关心治疗方法以及我对待病人的态度。他甚至问我为什么会选择当心理医生的,还时不时会老成地点点头,似乎我是他的病人。

他的行动节律缓慢，对自己的病无所谓，似乎不抱希望。而他的母亲则不同，任何时候她都会依在医办的门边，想要找人倾诉。我终于找到了时间，她也终于一泻千里。

方向是个懂事的孩子，母亲一开始就强调。方向小学六年级时打篮球伤到腿，做过手术修复后两条腿就无法并拢，后来又出现右脚外翻，右腿比左腿长了3厘米。当时就为这腿的事到处寻医，专家说是要到成年后才能进行手术治疗，当时只能做做针灸理疗。

"这孩子能吃苦，每天来来回回到医院折腾，但从没向我抱怨过。"母亲一脸的心痛。即便腿脚不好，方向仍然考上了区重点中学，但因为行动不便，每到秋游或春游学校都不带他，所以一到集体活动，他的情绪上就会有变化。母亲察觉后和老师沟通，但即便后来和同学一起郊游，方向在情绪上还是闷闷不乐。母亲觉得这孩子过度敏感、过度好强。

初二下半学期学校组织物理竞赛，方向一向物理强，母亲帮他报了名，没想到考试前一周，方向出现拉肚子，最后严重脱水、口腔溃疡。那次他觉得自己考得不好，可是成绩下来，竟然获得了竞赛二等奖。说到这里，母亲有些得意，在她的话语里，你能感受到她对孩子的疼爱和怜惜。

"这孩子的毛病都是他父亲造的孽，"母亲说，"我从小没有母亲，生活在单亲家庭里，遇到方向的父亲后就嫁了。因为没有工作，生活上都靠方向的父亲，他们家人对我嫌弃，常常会刁难我，与婆婆住在一起经常吵架。方向的父亲脾气又不好，常会发火。后来我一气之下就搬出来在外面租了一个小屋，方向则一直跟着我，那时他才10岁。因为方向腿的毛病，我没上班，在家照料他，生活来源则靠他父亲。"

母亲继续道:"方向获得了物理竞赛二等奖后,他爸爸觉得方向是学习的料,坚决要求方向考当地重点一中,并许诺只要考上一中,就带他到在美国的姑姑那里去旅游。方向很争气,初三中考后考上了重点高中。但他父亲始终都没有兑现诺言,那个暑假里我一直催促,但他父亲搪塞我,最后实在瞒不过去了,才对方向说是手续上有问题,只能第二年暑假带他去。方向听了这话,突然暴跳起来,整个人歇斯底里大喊大叫,将自己关在房间里,不吃不喝,大哭了一个晚上。那倾泻的哭声像是要把整个房顶掀翻一样。这以后,他几乎每晚都哭,不吃不喝,不见父亲。我怕他哭出毛病,就答应他去青海度假。我们在青海待了半个月,他情绪好转了很多。可是回来一周后又开始流泪。"

"开学后,要分班考试,方向执意不去上学。他父亲知晓后,拎着一桶水浇向正躺在被窝里睡觉的方向,方向将父亲推倒在地。这以后,方向见他父亲就跟见了仇人一样,再也不说一句话。我在中间左右为难。方向仍然不去上学,我答应他第二年暑期一定想方设法兑现去美国,他才勉强上了学。"

"因为学校距离太远,只好申请住校。一次我去送被子,看他因为腿脚不便,吃力地扶着栏杆上楼,见到我后他眼泪就往下掉。我心里不忍,就带他回了家。这之后方向就时常出现胃痛、耳朵痛的问题,时好时坏,断断续续地上学。我也带他去看了很多心理门诊,但都没有起色。"

"第二年暑假我和他父亲带他去了美国,住在他姑姑那里。结果方向因为花钱问题与姑姑发生争执,两人处得很不愉快。他父亲又冠心病发作,提前回国。今年5月份开始,方向又每晚哭。我只好再带他去俄罗斯,以弥补美国之行。可是回来后,方向的情绪仍然低落,经常出现皮疹、鼻炎、口腔溃疡,浑身无力,我一个星期要带他去四趟医院,他的房间里堆满了药。他自己说,他的身体不允许他读书,他只能接受上帝的安排。"母亲说到这里,已经泪水涟涟。

"我用了各种办法来缓解他的情绪,可现在我一点办法都没有了。"母亲低着头叹息,随后又说:"其实都是他父亲的问题。他的性格孤僻,本身就有抑郁病史,他害死方向了。"她不断地向我埋怨着她的丈夫,还有丈夫的家人。

我问她为什么不工作。她说是因为方向的病,而且她什么也不会,生活都依赖方向的父亲。她很无奈,不停地诉说着:"没有办法,这是命!"

"方向平时和你聊吗?"我问。她拼命点头:"他的问题都是我来解决的。有一次他哭着对我说:'妈妈我好苦啊! 我心里好苦啊!'"

我继续问:"还有其他什么话吗?"母亲言语比较模糊,似乎再没有实质性的亲密交流。

我告诉母亲要试着听孩子的意见,而不是给予意见,他的问题要他自己解决。但母亲还是一如既往,脸色苍白,经常吃不下饭,见到医生就想聊,到处说,到处问,所有人都知道方向有这样一个焦虑的母亲。

我约谈方向并不容易,他推了好几次,她母亲总是只能尴尬地看着我。我告诉他这是医院,要按医院的规则办,否则就只能出院。他才不情愿地来了,而且是被母亲推着进来的。

我问他有否好转,他顿了一会,说自己只是身体上的毛病,心理上没病。"不过在这儿住着也挺好,很新鲜。"他一直都是调侃的语气,虽然这只是一个16岁的学生。我让他谈谈母亲,他反问我怎么看他母亲,最后敷衍道:"这样说吧,她太累了,喜欢瞎操心。"

我问他:"你对母亲有愧疚吗?"他摇摇头:"她愿意的。"他看我似乎想找出他自己身上的原因,不断躲闪着,不愿意承担这份责任。"我只是身体不允许我读书,我的身体扛不住了。是身体的问题,我也没办法。"他最后说。

他突然又问我:"如果你这样,你的母亲会怎么做?"我说:"她会希望我自己走,而不是帮我走。"他没吭声。

以后几次他都是反问,好像有很多问题想了解。我尝试着和他交谈,谈天文地理、谈物理现象、谈人生态度。他多少吐露了些自己的思想。他很偏执,认为世界上没有什么是美好的,所有的东西都会被毁灭,谁也逃不掉这个宿命。他告诉我他最恨欺骗,世界上最肮脏的事情就是欺骗,而他的世界里全都是谎言和借口,没有真诚和坦白。他被封堵在一个牢笼里,黑暗窒息,当他有一点点勇气去抗争的时候,他发现没有对手,他的一腔怒火和热血一下子就被搁置了,他毫无办法,任凭别人主宰,多少次都是这样没有选择,最后连选择的力气都没有了,只能随波逐流。他说:"我就是沧海一粟,无所谓亲情、友情,我微小得不值一提,就这样自身自灭吧!就交给身体来主宰我的灵魂吧!"

方向的冷漠和淡然就像烈火一样炙烤着焦虑的母亲。40岁不到的母亲头发已经花白,眼里满是孩子的身影,全然没了自己。母亲问我有什么办法,我知道我提了建议她也不会听,她只想迅速地解决问题,解决孩子所有的问题,但对她来讲问题又是一个接着一个,解决一个她会看到另一个。她从未想过自己一味的关注、敏感的性格、焦虑的神经,已将孩子的岁月浸泡在她的牢笼里。她执迷于自己的想法,不曾有过半点的悔悟,她觉得自己就是孩子的救世主。

母亲没有工作,经济上不独立,原生单亲家庭的阴影一直留存在她的身上,没有安全感的她将儿子牢牢地攥在手中,日夜担心自己的命运,害怕会变得一无所有。公婆和她之间的冲突让她预感到危机,丈夫离开权威的家庭可以让着她,所以她选择在外生活,但是又不能面对自己的问题。她的儿子是她可以获得生存地位的资本,她用孩子来要挟丈夫,甚至隔离丈夫和孩子的亲情,不让丈夫感情渗入,以保全自己对孩子病态的爱护。

丈夫处在离婚和今后孩子抚养问题的挣扎中,他还是顾及自己责任的,为了儿子,他保全了这个三口之家,但大家庭的矛盾和生活的不如意又让他脾气暴躁,每每用不正确的发泄方式来表达对孩子的关爱。

儿子不断地长大,一直处在母亲的担心焦虑之中,他的性格变得敏感多疑,随着母亲的情绪变化起伏。腿脚的毛病让他的生活更加不堪,他似乎成为别人眼中的一种怪物和另类。母亲不顾一切,倾注在他身上的关切,变成一种精神上的苦难折磨着他,他觉得是自己的问题,让母亲失去了自由、没有尊严。

方向觉得自己有愧、内疚,但他又怨恨上天的不公。他心劲很强,想证明自己,所以学习上他没有马虎,他要证明给那些可能在嘲笑他的人看看。但是结果呢?证明只是证明,并没有改变什么,生活还是一样的没有欢乐,父亲沉重,母亲沉重。

他想出国,寻求改变,期许让生活有不一样的经历,可是父亲却用谎言给他编织了一个虚幻的梦,他觉得家里除了钳制就是欺骗。终于到了美国,他所感受的又完全不是他所期望的,姑姑的冷淡和对他的侮辱,让他想要把仇恨化成子弹射杀出去,他用狰狞的神情对姑姑说:"我要咬死你的孩子。"

可最终他只能哭,别无他法,沉沦也许也是一种坚强。他的母亲永远会为他做出选择,每一次问题出现,所有蓄积的力量在怒火后就被抽空了。他接受她钳制的爱,无法挣脱,他到哪里都无法选择,永远是妈妈的奴隶。他知道她的妈妈所要的就是和他在一起,没有别的。他甚至都没有力量去反抗,他母亲用她能想到的所有理由去征服他,他接受她母亲所有对他的安排,永远投降和臣服。这是一个逃不出的网,他很清楚。

他随着性子,任由母亲焦虑,甚至折磨她的焦虑,让她永远焦虑,这就是母亲和他的宿命,也是永远纠缠不清的战争。

方向很不配合,母亲不停地要求给他做心理咨询,但是方向只是当作聊天和发呆。一个月后他哼着曲子出院了,母亲走在后面,远远地注视着他,无可奈何中又欣慰地接受。

孩子的问题:封闭、自卑、认知扭曲,拒绝面对,不相信任何人。

① 身体的问题造成内心敏感脆弱,心理上自卑。

② 由于母亲的过度钳制,加上几次生活事件的冲突,认知上出现偏执。

③ 青春期逆反,有恶劣心境,屈从接受,但又扭曲分裂,情绪不稳定。

家长的问题：复杂的家庭背景，不健康的家庭成员，家庭关系的矛盾压力多样。过度保护，过度钳制，母亲偏执自私的心理、不健康的思想控制，对孩子性格影响较大，在很多问题的处理上，人为地增加孩子的负担，扭曲孩子的思维，用孩子来维系自己和丈夫复杂的关系，造成孩子性格的缺陷。

本案例家庭教育模式属于钳制保护型。

家庭被称为"创造人类性格的工厂"。家庭教养方式是在父母与儿童的相互作用中形成并分化的，父母与孩子在一定活动过程中始终是互为影响的。专制型的家长总是要求孩子绝对服从自己，并对孩子所有的行为都加以监管，孩子的表现不如人意，就会采用言语攻击孩子，或是用暴力手段体罚孩子，造成孩子独立性和自主性较差，自我依赖程度也较低。

心理学家鲍德温研究了母亲教养态度与孩子性格特征的关系，如下：

母亲的态度	孩子的性格特征
支配	消极、缺乏主动性、依赖、顺从
干涉	幼稚、胆小、神经质、被动
娇宠	任性、幼稚、神经质、温和
拒绝	反抗、冷漠、自高自大
不关心	攻击、情绪不稳定、冷酷、自主
专制	反抗、情绪不稳定、依赖、服从
民主	合作、独立、温顺、社交

父母要把孩子作为平等的人，尊重孩子的爱好，给他（她）一定

的自主权利决定与选择事情。同时,和谐融洽的家庭气氛也有助于儿童良好个性的形成和稳定。

① 这是一例具有心境恶劣障碍的患者,心境恶劣障碍是情感性障碍的一个类型。造成方向出现这个问题的原因是多方面的,其中包括家庭环境、自身身体的问题、敏感自卑的性格等等。

② 父母要给孩子营造宽松和谐的家庭氛围,情感深入,建立健康的亲子关系。同时,治疗中也要对父母亲要进行心理疏导,改变认知。

过于亲密往往导致相互受伤,保持一定的距离,反而彼此安全。任何人都要留有自己的空间,过度依存、过度在乎,就会过度控制。保留一定的距离,对双方都好。

"玫瑰虽然美丽,但是它带着刺,扎得你流血,痛到骨髓。"

这是我的白玫瑰

我的案头依然放着这朵丝绢做的白玫瑰,看着这朵玫瑰,我就想到制作这朵花的女孩——白丹。

白丹是我见到的第二例一早起来会头晕的孩子,我初见她的时候有些惊异,这是一个年仅14岁初二女生,长相精致,皮肤白皙,嘴唇红润,可神态举止却像个30多岁的妇人,语言沉着老练,绝没有同龄孩子的稚嫩和活泼。

住院后,她因为药的用量和副作用来找我,用尊重和商量的语气与我友好沟通,希望我能接受她的想法,调整药的用量。她的表现与语气极成熟老到。

她还主动提出要做心理治疗,而且点名要第一次看门诊时接待她的年轻医生王越。看得出,她对王越的依从性很好。但是心理治疗两周后,她却坚决要换另一名医生。

我仔细翻阅了她的病历:白丹有两年的头晕史,表现为早上起床时重、下午轻,头晕没有诱发因素。她从初一开始就休学,到处看医生,但都没有很好的疗效,头晕总是伴随发生。我仔细观察她平时的表现,发现她与室友相处都很和谐,也很幽默,但有时语言有些张狂,开玩笑的时候没有分寸。她的母亲则像是她的生活仆人,她一会儿将母亲冷冷地置于一边,一会儿又会和她勾肩搭背。

治疗了三周,她的头晕情况时好时坏。

我约见了她的母亲。母亲只有38岁,与白丹一起形如姐妹。她挨不住女儿所遭受的痛苦,一直抽泣哽咽。她告诉我这孩子小的时候很懂事,学习上从没有让她操过心,自己和丈夫忙着生意,也没有更多顾及她。

她说:"这孩子什么事情都闷在心里,不吭气。上小学五年级的时候,有一次我因为想和班主任聊聊她的情况,就到学校里找老师,竟然发现她一个人在教室外面的操场上蹲马步,问她后才知道是因为上课顶嘴,被老师体罚。这孩子倔强,不愿意低头,老师特别不喜欢她这股劲。我为这个找她的班主任沟通,但她知道后却对我不理不睬好几天。其实这孩子心里怎么想的我真是不知道,我也是最近陪她后才了解一些她过去的事,她偶尔会透露几句。多数时候,你会觉得她挺开心的,但又觉得她是装出来的。"白丹的母亲很不确定对她的了解。

白丹要求换心理医生,是因为喜欢上了王越医生。一天下午,她来找我,说是写了个剧本,是表现心理医生的工作状态的,想在病区大厅上演。她想让所有的医护人员都能到场观摩,尤其是王越医生。她特别提到对王越医生的看法,我反问她为什么要换掉王越医生,她说王医生自认为自己聪明,其实内心很自卑,他的清高都是装出来的。她神秘地告诉我:"我觉得他也有心理问题。"我问她为什么,她说:"他每天都吊着脸,对人爱理不理的。"突然她又问我:"他有女朋友吗？他的女朋友一定受不了他自负的样子。"我发现只要说到王医生,她的兴趣就很大,话也特别多,不断地告诉我:"其实王医生还是很有魅力的,只要他别老绷着,还是很可爱的。"

我本以为写剧本的事情白丹只是说说,结果她真的把剧本写出来了。这是一个情景剧,表现的是医生查房与患者交流,里面有很多的搞笑成分。考虑到可以活跃一下病区的氛围,加强医患亲密关系,我答应给她1个小时的时间,并让王越医生一起参加观摩。

她很兴奋,忙剧本的几天里头晕没再发作。演戏那天,她装扮成她的主治大夫张医生,让与她同龄的病友芳芳扮成王越医生。她们穿着白大褂有模有样地进行查房,语言中夹杂着喜剧成分,病房倒是被这两个客串的"小医生"搞得很活跃,大家看着她们扮演的样子都忍俊不禁。正当大家观看的时候,白丹突然狠狠地推了芳芳一把,芳芳重重地摔在地上,白丹却又很自然地扶起她,一个劲地道歉、抚慰,随后又解释说是剧情需要。我一时被她的这种突兀的做法搞得有些懵懂。

我问王越医生和她是否有矛盾,王越觉得白丹有移情的表现,很关注他的穿着打扮,对他说的每一句话都很上心,甚至会莫名地生气,所以王越和她保持了相当的距离,以免发生问题。

王越事后告诉我,白丹搞整个剧都是想损他,想给他点颜色看看,想要报复。我想起她屡次央求我让王医生在场,自己在演戏的环节里莫名地推搡扮演王越医生的芳芳,确实蹊跷。白丹演完戏后不断问我的看法,像个成年人一样绕着弯子向我试探王越医生的感受。因为知道她探询的目的,我们都只是轻描淡写。亢奋完一周后,她又变得落寞,头晕又重新袭来。她母亲很是着急,手足无措,不断地来了解治疗的方案。

一天我看她在露台上静默地坐着,觉得这是很好的谈心机会。与她聊天,你会觉得几乎没有年龄差异。我问她小学在哪里上的,她说在某县小学,我细问她小学的生活,她嚼出几个词:暗淡、折磨、痛苦、绝望。

她告诉我上小学五年级后,生活就是黑暗的,同学和同学之间都分派别,有钱有权的学生一类,普通水平的学生一类。老师则收受着好处,偏袒这些所谓的优秀孩子,同学之间的相处就像一个复杂的小社会,有钱的孩子收买没钱的孩子,有点个性不屈服的就被他们凌辱。老师也很势利,跟着他们一起打压弱势同学。

白丹说自己不理这一套,加上生性又比较倔强,所以经常吃亏。"有一次因为肚子痛没去上课,让同学帮忙请假。第二天上课,老师当着全班同学的面,向我要假条。我说忘了带,老师就说我撒谎,我辩解了一番。突然,她当着所有同学的面给了我一耳光,扇得我眼泪都掉出来了。随后老师又找来家长,说我不尊重教师。母亲又很懦弱,这事情原本不是我错,最后也像其他人一样给老师又送礼又赔不是。"

我问她是否埋怨母亲,她沉思了一会儿,说:"她也是为我好,那个老师就是很霸道,没人敢讲她。母亲也是担心我以后还会受欺负,想着尽量缓和关系。但我确实对父母很失望,之后很多事就不想说了,说了也起不了什么作用。"她叹了口气。

她接着说:"以后的日子就更难熬了,那几个被老师纵容的同学更是为所欲为,只要别人和我玩,她们就合着伙欺负别人。她们还涂改我的作业,让老师找机会批评我。"她一直埋着头,"那时我就觉得活着好没意思,天天就想着能够离开这个学校。"

我问她:"你没和母亲谈过吗?"白丹跟我说:"她第一次的态度已经让我失望了,跟她谈只会增加她的压力,何况她也没有放心思在我身上。"

我继续问:"为什么?"她没有正面回答,只说:"她和爸爸很忙!"

我问:"自己觉得心里很苦吗?"她突然又像没事似的,说:"还好,就是憋屈,老师总是找碴罚我蹲马步,不过也练就了我的下肢功夫,现在我蹲马步特厉害,至少30分钟不带晃荡的。"

她又说:"我把这些经历都当成肥料,让我更加理解生活,更理性地对待,我现在的承受能力很强。"她陡然地对我笑了一下,好像是自我宽慰,随后又默然。

我问起她起病的原因,她说才上初一的时候,有天起床感到天旋地转,只能扶着墙走,自此以后就经常会头晕,严重起来无法上课。

"初二以后,瞧了很多大夫,住了很多院,都没有进展。"她说,"一次比一次厉害,晕起来就想吐,只能躺在床上,到下午才能好一些。"

我问她最近一段时间来的感觉,她告诉我头晕的情况好多了,没有那么频繁。"现在的张医生很好,学问很高,经常和我谈心,比王越有涵养。"她突然又问我:"如果我以后像张医生那样做个心理医生,你觉得我合适吗?"我笑着说:"你的头晕病好了,就更适合了。"

我总觉得白丹话没说透,这孩子让人见不到底。

一天路过病房,看见白丹妈妈坐在床尾,白丹在床头上写东西。母亲很拘谨,两人好像刚吵过架,白丹一直埋着头,母亲则怯怯地看着她。张医生告诉我,白丹的妈妈好像很怕女儿,白丹有时抱着母亲又啃又亲,但有时语言很刻薄,甚至想不理就不理。每次母亲都说她是小孩子脾气,一会儿就好了。张医生又顺口说了一句:白丹还有一个妹妹,只有3岁。这话白丹和母亲从没提过,我觉得奇怪。

找空与白丹母亲聊了起来,母亲告诉我:"白丹六年级的时候,我生了娇娇妹妹,那段时间没怎么顾上丹丹。她也独立,很少让我操心。她在班上是大姐大的类型,同学都喜欢和她玩,就是和老师相处得不太好。"

我提起白丹被扇耳光的事,母亲也自责这事没处理好,之后白丹很少跟她说起学校的事。因为有小的孩子要照顾,母亲的精力都在妹妹身上。我问她姐妹两相处得怎样,她说丹丹对妹妹一开始不太接受,后来挺好的,经常买东西给妹妹。我核实白丹发病的时间,恰好是在妹妹出生以后。这之后她们就四处辗转就医,白丹对住院并不反感,母亲带她去过山东、北京、上海、广州等医院。母亲说着眼泪就掉下来,"也不知道什么时候是个头啊!"

张医生曾经尝试和白丹沟通妹妹的事,她很平淡冷漠,很少提及,似乎没有多少感情。我也试过几次,只要提到妹妹,她不置可否,总是转移话题。

白丹和我见到的病人不一样,和她谈话的时候,你会觉得她很懂事体贴，为人着想，但背后又隐约感到一种不甘。她的内心是怎样的局面并不清楚，但总透出一股愤怒和报复。她的母亲常常无法清楚她的思路，无法亲近地与她交流，用她母亲的话说："我并不很确定她的想法，她不太轻易暴露自己的真实情感，在她的眼里一切都是徒然，没有意义。她的生活似乎就是拉着你一起跳到深渊里去，一同埋葬。"

她幼时被凌辱的心灵从未健康过，甚至被她偏执的认知所扭曲。我无法想象她原本应该清纯的学生时代却被老师的贪欲、势利、为所欲为所葬送，她对世界的印象从单纯美好变得灰暗，加上父母陪伴的缺失，以及自身个性的偏执、极端，让她在面对问题时的第一反应是抵抗和自保，她要夺回属于她自己的东西。

当母亲生了妹妹，她就意识到自己的专属地位要被剥夺，她害怕失去本该只属于她的温暖，甚至一刻也不行。她内心的恐惧和压力最终转化为躯体化症状，第一次头晕发作后，她重新得到了父母的关切，体会到了那久违的温暖。可是病好后，父母的重心又转移到妹妹身上。

她的头晕开始泛滥，变得越来越频繁，母亲不得不四处寻医，而她更享受与母亲在一起住院的日子，从当地辗转到市内、省内大医院，又到上海、北京、广州，她去了很多地方。她母亲说她喜欢不同医院的医生，喜欢不同地方的医院，似乎去哪里她都能成为中心，结交到许多朋友。而母亲只能被她牵绊着，治疗这永远没有结果的疾病。

母亲说白丹也喜欢我们医院，喜欢我们医院的医生，但王越医生对她公事公办，让她感到失败。她生气，但她更好奇，她想要琢磨王越,她不理解为什么王越对她的成熟世故视若无睹,她甚至开始喜欢王越,这给她的生活带来了兴奋点。她母亲告诉我,那段时间白丹出奇地亢奋,经常无法入眠。不过很快,在屡次搭讪王越医生无果的情况下,她就走向反面,她需要维持自尊,给予他报复。至于后来演戏中狠踢王越的扮演者,无非是泄恨,让王越明白她的愤怒。

白丹有人格障碍,对事物的认知存在偏执、分裂、扭曲。她用自己的病死死拖住母亲,不断地用疾病作为借口来咬住母亲的爱,让母亲无法放手。她的母亲有时很怕面对她的眼睛,她的眼睛深不可测,好像会吃人。母亲告诉我:"有时候我会感到脖子后面发凉。"

白丹治疗两个月后头晕得到了控制,但对她的心理治疗效果并不理想,她尽管依从,却从不表态,内心固有的想法很难被突破,几轮下来,她就拒绝谈话了。临走的时候,她送我一枚她亲手做的白色丝绢玫瑰,并告诫我一定要放在办公室最显眼的位置。

几周后张医生告诉我,白丹出院后曾联络她的病友,询问我办公桌上是否还放着她制作的白玫瑰。我庆幸自己没让她失望!至今她的白玫瑰还绽放在我的案头。

家庭教养模式分析

孩子的问题:不成熟,用报复的方式来保护自己。

① 幼年的不良事件产生不良结果,学会用报复来回报伤害。

② 认知扭曲,占有欲强,心计深重,对母亲有胁迫和牵制。

③ 人格障碍,有一定的攻击性。

家长的问题:孩子幼时所目睹和遭遇的伤害,让她对社会的理解发生曲解,用报复的手段来回击并伤害他人。父母没有及时了解孩子的想法,没有及早地发现她认知上的错位,给予制止和纠正,而是由着她的性子纵容她的行为,导致她的行为更加泛滥,并因为得到补偿而利用和要挟。

本案例家庭教育模式属于被动型。

弗洛伊德的创伤理论认为心理障碍是童年的创伤。所谓创伤就是强烈的刺激,超出了个体的承受能力,导致精神崩溃,表现为情感暴发或情感麻木,也称"急性应激反应"或心理危机。这时候,意识的功能遭到破坏,外界信息不加选择、未经过滤地进入心灵,留下"创伤性记忆",这种情况称为"曝光学习"。等到情绪平静下来,意识功能恢复,创伤经历就渐渐"遗忘"了,但心灵深处的"创伤性记忆"不会消失,而是被掩盖起来了。如果掩盖得很好,可以永远不再想起来;如果掩盖得不是太好,就会经常萦回梦绕或触景生情,这种情况叫作"闪回",这是创伤后应激障碍的典型表现;如果根本没有掩盖住,就会长期影响生活,出现神经症,甚至精神病。

精神分析处理创伤的方法就是"宣泄",通过发泄、倾诉或文艺活动,把相关情绪释放出来,使心灵得到"净化"。

① 童年的生活经历对个体人格的形成具有重要作用。童年的创伤使白丹的认知出现扭曲,她学会用报复来回报伤害,甚至出现

攻击和胁迫行为,其实这些都是人格障碍的表现。

② 孩子出现问题,父母要及时疏导,并及时到专业机构寻求专业帮助,及时矫正孩子的行为坐标,避免其攻击和报复。

③ 学校要审视教育职责,教师要端正自己的品行,肃清不良风气。为人师表者,应倡导风清气正的教育环境。

蜜蜂用刺扎了别人，也意味着自己生命的结束，所以伤了别人更是伤了自己。蚌蛤内的肉受到沙砾的刺激，却在长期磨砺中演变成美丽坚硬的珍珠。遇到问题应该正确面对，积极乐观，用坚强和包容去改变现状，将生活变得美好。不要因为仇恨或愤怒而扭曲自己，报复别人的同时其实也是在伤害自己，最终得不偿失。

"我停不下来,我生来就是要完成一个使命,所以我只能奔跑。"

在0和100之间,我不是100就是0

他叫文青,长得白白净净,身材高大,专注的眼神里透着一份虔诚,清澈的眸子里闪着信任。他给我的第一印象是虽然带着学生的青涩,但脸上的尊傲承载着内心的一份荣光。这是一个非常优秀的大孩子,在美国知名大学读书,一路走来全是灿烂的印迹和追随者膜拜的眼光。

可是他却头痛,头痛欲裂,几次痛得呕出胆汁。

文青在单亲家庭里长大,生活上跟着母亲,但经济上靠父亲保障。他父亲经营一方地产业,虽然已另外组成了家庭,但经济上对文青很大方,文青的留学主要是依靠父亲的经济支持。

文青很努力,国内重点高中毕业后考上了美国排名前十的大学。但在国外的第二年,文青就出现了头痛、失眠的症状,常常是压力增加时头痛现象明显,疼起来会在床上打滚。疼痛很有规律,如果是放假或者压力减轻时,文青的头痛症状会自行消失。为了控制头痛对学业的影响,文青不得不靠吃止痛药过日子,而且药量不断增加,最多的时候一天要吃10片。母亲得知后,让他回国休学治疗。

我们第一次约谈是在心理治疗室,他穿得很正式,格子衬衫的领口讲究地扣着,像个体面的学生,眼睛一直很专注地望着我,笔直地挺着腰板,两手自然下垂,显得彬彬有礼,回答问题也很认真。

他对我说:"头痛起来就像脑子要炸开,几乎整晚都睡不着。发作的时候还会恶心、呕吐,有几次痛得连胆汁都吐了出来。"

"头痛有规律吗?"我问。"只要是课业加重或者有考试压力,就会头痛。出去旅游、放假或课业轻松时,就没有什么感觉。"他应道。

"你觉得你的学习压力来自哪里?"我问道。"我的生活像陀螺,一刻都停不下来。我的老师告诉我,人和人的差别就在八小时以外,否则不可能达到自己的目标。我知道我稍微喘口气,就会被踢出局。"他的眼神很坚定。

"你的目标是什么?"我追问。"我的目标就是做巴菲特、索菲斯这样的人。"他的眼睛发光,显得兴奋。我能感觉到这两个伟大人物的名字给他带来的振奋。

我转换话题:"你有女朋友吗?""当然有。"他很快地应答,似乎急于应付,随后又补充道:"主要是没有时间见面,课业太忙了。"

第一次谈话,文青给我的感觉是不慌不忙、成竹在胸,他对病情治疗并不关注和迫切。

几天后,文青砸碎了手机,并且偷偷溜出病房,在外逗留10个小时后才返院。这个看上去文质彬彬的高才生的行径远不像他文秀的表面这么简单。

第二次谈话我没有给他准备的机会,早上9点他还躺在病床上,我径直来到他的床前。

他连忙坐起身。"主任,你好。"他保持着他的礼貌。我示意和他谈谈,不必拘泥,可以在床上回答我的问题。这天我特地脱下了的白大褂,坐在他对面的椅子上,像朋友一样交谈。

我问他喜欢什么样女孩子,他很乐意谈论这个话题。他说:"我喜欢有品质的女孩,可以追求品牌,但要有格调。"

"你的女朋友是这样类型的吗?"我问。他说:"有的是,有的不是。实际上都不是,因为她们总是在装,只是装的程度深浅和时间长短不一。"他继续解释说:"她们骨子里艳羡优雅奢华的生活,可是表面上又装出视金钱为粪土的样子。她们如果真的表现出对钱的贪婪和崇拜,我又很看不起她们。女人是最成功的伪装者,但又是最失败的骗子。"

我说:"你觉得她们跟你在一起图的是钱,是吗?""难道不是吗?"他轻蔑地反问。

"她们最终还是离开了你?"我看着他的眼睛。他变得有些调侃:"是的,我一共谈了7次恋爱,都分手了。她们说不是钱的问题,是我人的问题,与我在一起有强烈的压迫感和不安全感。"

"有吗?"我故意问道。他很肯定地说:"有,但我无法改变。"

他进一步自我剖析:"我像是追日的夸父,一刻也无法停下自己的脚步。从小我就意识到只有出人头地才会被人尊重,这就是我的价值观,也是所有经历过的事实。我的成功是被精算出来的,我从起床开始,所有的时间都要被精准地利用,甚至是吃饭的时间、跑步喘气的时间,我都会精算到一分一秒。当完成一个目标的时候,我就立即开始进入下一个目标。我的世界里没有歇息,只有奔跑。尽管我知道我的身体出现了严重的状况,我仍会准备好迎接下一场战斗。"

他继续说道:"其实,我非常固执,甚至是偏执,可是有哪个成功的金融家不是偏执狂呢?所以他们能跳出游戏规则,成为掌握全盘的高手。我的人生信条就是来钱快,什么来钱快我就做什么,哪怕不择手段。我对自己的定位是30岁时挣到1亿,40岁时挣到2个亿。我只能是斗士,这是我的命。"他掩饰不住自己的情绪,声音越来越激越。

"你不觉得是在燃烧和消耗自己的生命?"我问道。"我不在乎,我只想用最快的速度实现我的目标。"他说,"对于我来讲只有0和100,我要么是100,要么是0。要么死亡,要么就是人上人。我无路可选。"

"所有的这一切是为了什么,为了证明给谁看?"我知道快触到症结了。

"证明给我父亲看,证明我比他强,我要让他仰着头看我。"他的头昂得很僵硬,眼睛里充斥着一丝仇恨。

"你恨你父亲?"我小心地试探道。

"我没有父亲。他只是不得已才提供我的学费,我常常有危机感,觉得吃了这顿没下顿,我必须抓紧时间,在最短的时间里完成我的学业,实现我的目标。"他的眼睛里有一抹苦涩。

这是一个自尊心极强的孩子,对他来讲,父亲的给予是施舍,是对他的怜悯,是对他尊严的践踏,而他在没有获得资本积累之前,只能屈辱地承受这些。他等待着翻云覆雨的那一天,他要用炫耀的身份来打垮父亲。但现在,这种强烈的危机感逼迫着他不得不快马加鞭。

"你过度地透支只会让你的身体崩溃,只怕到时候还没等到'复仇',你就累死在路上了。"我尽量用言语去体会他。

他放松了身体,"这是我为什么决定休学2个月来调整自己的原因,我来这里就是让自己放松下来,做好后期学习的身心准备。"

"其实你很清楚你需要什么,你早就做好了打算,包括对你的心理治疗,你都有预见。"我说道。

他说:"是的,我觉得我只要休息和调整就可以治愈,但是现在我有了意外的收获,因为我意识到自己不仅身体出现了问题,心理也出现了问题。这就是我常常失眠、常常焦虑的原因。"

"比如什么问题?"我问。

"比如与人合作相处,比如强大的以自我为中心,比如对别人的不信任,比如自我折磨和惩罚,甚至是自虐的强迫,我都在这里得到了反馈。"他低下了头。

"你是否会尝试着改变?"我问。

"或许,我并不知道后面会怎样,但至少,我意识到了。"他很郑重地看着我说。

文青智商很高,他善于分析和总结,但又过于敏感,近乎偏执。我惊喜他在一个月的反思中对自己的剖析和认识,但是在他内心中根植的价值观念也许在另一个弱肉强食的环境中很快就能崩溃瓦解。这是一个有强大意志力的男孩,童年的不幸,加上一个权威的父亲角色,造成他成长过程的缺陷,而母亲又过度溺爱。他性格敏感多疑,固执自我,父亲再婚后的幸福家庭和他与母亲厮守的孤独形成对比,成了重重的羞辱,他难以原谅父亲的冷漠。但父亲雄厚的经济实力让他不得不接受他的施舍,他目睹和了解了金钱的神奇魅力,在鄙视父亲的同时又想做父亲这样的人物。他只想尽快坐穿这桎梏自己的牢笼,完成他报复的使命。

他急功近利的价值观让他难以把握好亲情、恋情和友情。他强大的自我中心,正是源于他强大的自卑。他用意志装点着自己光鲜的门面,而将所有的苦楚和屈辱放在心里,驱逐自己向前奔跑,甚至到呕出胆汁来,也不放弃。他享受着一种自虐的快乐,这种极端的想法如果再被放大,很可能会因为偏执的评价体系而干扰社会规范,如果狂怒下无所顾忌,他会超出理智底线,用毁减自己的生命来完成使命。

文青的问题来源于仇恨,试图通过自己拥有炫目的财富给父亲一个响亮的耳光。他憎恨父亲的施舍,他想用最快的速度完成一系列的复仇计划。他对自己倒逼,每晚只有2个小时的睡觉时间,他的神经永远绷得很紧,焦虑的他一刻也不允许自己懈怠。巨大的压力导致应激性头痛,甚至波及整个身体,引起免疫功能下降,经常发生感冒生病。

对文青来讲,最可怕的不是他的头痛,而是他看待事物的观点,这种对世界扭曲的认知一旦发作会摧毁一切。他无法承受自己的意识王国里会有失败,就像他所说他常常害怕自己会成为0,一旦成为0,他将接受自己的终结。他说:"我永远没有可能接受自己成为一个普通人,我的来过就是为了得到巅峰的地位,否则就是坠落。"

我能理解他暴虐的行径,这是躯体中埋藏着兔子和狮子的性格,埋藏着暴戾、仇恨、痛苦的种子,不断地冲突和挣扎,让他无法挣脱。调和和平衡,需要父母亲深入心间的漫长引导。

两个月后,文青出院了,我特地去看了他。他很阳光,也很兴奋,礼貌地和我们每一个人握手。我狠狠地握了他的手,他看着我,也狠狠地回敬了一下。我知道他的人生要在这样的挣扎中度过,但我还是祝福他未来能够走好,走得平和、坚定和幸福!

孩子的问题: 焦虑、暴戾、自虐,价值观的扭曲,生活的目的就是成功,成功的目的就是报复。

① 家庭生活遭遇父母的离断。
② 自尊心极强,自我加压,内心冲突剧烈。
③ 价值观扭曲,有复仇心理。
④ 认知偏差,控制欲强,有自虐倾向。

家长的问题: 父母没有理性对待家庭问题,没有在孩子面前做好示范,相反,母亲的焦虑、父亲的强势,给自尊心极强的儿子造成胁迫,使孩子形成自己错误的价值观念,通过极端摧残来获取尊严,有强烈的自虐倾向。

本案例家庭教育模式属于(父亲)强势型和(母亲)焦虑型。

认知行为治疗认为,人的情绪来自对所遭遇的事情的信念、评价或解释,而非来自事情本身,正如认知疗法的主要代表人物贝克

(A. T. Beck)所说:"适应不良的行为与情绪,都源于适应不良的认知。"

如果一个人一直认为自己不够好,连自己的父母也不喜欢自己,那么他做什么事都没有信心、很自卑。治疗的策略便在于帮助他重新建构认知结构,重新评价自己,重建对自己的信心,更改认为自己不好的认知。

认知行为治疗的目标不仅仅是针对行为、情绪这些外在的表现,更要分析病人的思维活动和应对现实的策略,找出错误的认知并加以纠正。

① 文青是一个具有偏执型人格障碍的大学生。单亲家庭更易出现偏执型人格的孩子。文青抱持错误的价值观念,对自己过分要求甚至出现强烈的自虐倾向,对挫折和失败过分敏感,缺乏安全感,长期处于戒备和紧张状态之中等等,其实都是其人格障碍的表现。

② 父母要有理性思维,处理好大人的关系,不要遗留问题而影响或伤害到孩子。对孩子及时引领沟通,帮助其建立正确的价值评价系统。

龟兔赛跑,兔子跑得快,它要的是赢定的结果,而乌龟慢慢地爬,一路有风景,一路有悲欢,享受爬行一路的过程。因此不要拼命地追求名利和名次,结果可能折损了身体和幸福,宁愿像这只乌龟,稳重地前行,欣赏一路的风景,最终幸福无悔地到达终点。

"我存在的目的就是分数,我不能容忍自己分数落后,更不能容忍别人超过我。"

我的同学就是我的敌人

彬彬今年上高三,因为总是担心自己写字时发出声响影响到别人而被母亲带来就诊。彬彬第一次看诊的时候并不配合,身子不住地扭动,话也不多。母亲说话的时候,他总是打断,语气粗鲁。学校建议他休学调整,母亲不愿意他耽误学习,彬彬也在两难中挣扎纠结。看诊第三次,他才同意住院。

彬彬入院后被诊断为抑郁发作,存在强迫、敌对、焦虑、偏执、敏感。彬彬的治疗并不顺利,他不配合医嘱,不肯吃药,时常与母亲争吵,怪罪母亲的决定,反复质疑自己的病情。一周后,彬彬才在管床医生的说服下平静下来,答应遵从治疗。

在情绪得到改善和稳定后,彬彬变得积极主动,他似乎看到了希望,愿意和医生交谈,解决自己的困惑。他主动约了时间,并自己找到了我的办公室。当时他很礼貌,与我之前看到的他判若两人。

我和他的交谈,几乎都是在听他一人诉说,他像有一肚子的委屈和困惑要急于得到释放和倾诉。他告诉我自己一直很上进,从小就有很坚定的目标,一定要成为人中优品。小升初的时候,他以全年级第一名的成绩进入了当地重点初中,初中前两年一直保持非常强劲的势头稳居全年级前10名。可没想到的是,初三下半学期的一天,母亲突然出了车祸,全身多处骨折,父亲则要照顾母亲,家里乱成了一团粥。彬彬无法应对混乱的局面,产生了逃避和抵触的情绪。

他说自己的学习一直是母亲辅导,所有的学习都是按照母亲设置的节律进行,过去母亲都有周到的安排,他只需要按部就班地完成就可以了。自从母亲住院,不在旁边监督,彬彬失去了把控的方向,他的成绩一落千丈,原本能考入重点高中的他在中考中严重失利,最后只上了一个普通高中。彬彬极不情愿地步入这所学校,无论学校的硬件、师资以及学生的素质都让他大跌眼镜。他觉得该校的校风和班风与自己预想的差距太大,抵触情绪进一步加剧。

成绩的下降也成为他和父母矛盾的导火索。母亲从医院出院了解到儿子的情况后变得更加着急,俩人常常为了学习而争吵不断。彬彬告诉我,父母的评价体系就是学习,如果成绩下降,他们就会采取冷暴力,家里气氛凝固,母亲会经常摆脸,父亲因为忙经常不在家,但回家后第一句话就是问成绩。

高二上学期开始,他出现不由自主地抖腿,因为声响过大,影响到前排的同学,与同学发生了激烈的争吵,前排的同学将他的铅笔盒摔碎了。老师知道后也出面指责,他后来被安排坐在最后一排,这样可以不会影响到别人。可他还是想着要抖腿,为此他也主动和周围的同学打了招呼,但仍然因为抖腿的声音过响而被同学告状。于是他一直在这种纠结中忐忑不安。后来他又担心用力写字也会制造出响声，担心同学会站起来将他的卷子撕掉。说到这些事情，他就陷入担心绝望中。

我问他为什么要抖腿，他说："我觉得一个人做事要有仪式，而抖腿就是我的意志形式，只要抖腿我就能特别集中注意力，抖腿的过程中会释放出能量让自己全身心地投入。抖腿是我的一种意念或者说是信仰，只有在它的驾驭下我才能控制好学习。"他笃信地看着我。

"你感应到这种效果了？"我问。他说："是的，这是一种魔咒，我会沉浸在忘我的境界里。"

我说："那你可以声音小些。"他回答道："不可以，这必须要有一定的幅度。"

我告诉他这会影响到别人，他看上去很痛苦，说："我并不想妨碍别人，但是我的学习很重要，我不能牺牲自己，我需要这种形式，否则我无法专注听讲。但我也害怕这种行动的后果，害怕同学会暴力地对待我。所以我常常在控制大腿的抖动中消耗掉我的全部精力，因为怕抖腿而无法听讲。"

我提醒他："你原以为抖腿可以帮助你学习，可现在这种行为已经成为一种负担和障碍。"

他附和了一下，随后又解释："我只是担心这种行为会导致更加严重的后果，但它对我学习确实产生了良好的作用。"他顿了一下，继续说："所以我后来将这种形式转化为写字，因为这样声响会小些，但是如果我不用力地去写，似乎也不能达到完全的投入。于是我又开始担心写字也会引起同学的反感，甚至会撕掉我的卷子。"

我问他:"你有朋友吗?"

他突然狠狠地说:"没有,他们不配!他们是我的敌人,是我必须要消灭的敌人。"

我很奇怪他有这样的想法,我想继续探寻,彬彬似乎也很想把内心的怨恨发泄出来。他继续说道:"同学之间没有情谊,只有冷酷的竞争,这在初中的时候我就感受到了。成绩好的就是王者,是班级的中心,是老师的宠儿,是家长炫耀的资本。我的成绩就是我射出的子弹,把这些对手射死。我过去一直是一个非常好的射手,可是现在这个班级的敌人越来越多,我必须用子弹打垮他们。所以我必须要用我的形式来控制好我的学习,我笃信这种信念。但现在我不得不迁就他们,只是为了不影响他们,却损失了我自己的学习,这太不公平了!我的学习已经一落千丈,我的尊严和地位被他们一寸寸地掠夺,但我还要迁就他们,凭什么?"他越说越大声。

他继续道:"你知道吗?我每天都会被这个现状吓醒,我原本应该是一个非常优秀的人,可是现在的我已经不是自己了。而他们,我根本看不起的人,却可以随意地嘲笑我、讥讽我、践踏我,我还要提防他们的反击,甚至还不得不害怕他们!"他眉毛紧蹙,显得特别痛苦。

我试图安慰他,告诉他学习不是最重要的,还有很多路可以走。他的眼光变得冷峻:"你是不相信我能考上大学?如果我考不上,我不能原谅自己,我不知道自己能怎样活。"

他突然沉默下来,眼睛里有一种决然:"我的世界里只有成功,没有失败。如果失败,我就与它同归于尽。"说完,他的脸上一片死寂。

我翻看了他的病历,记录到他曾经用刀片划过自己的手臂,说过"我敢划自己,就敢拿刀砍同学"。

我约见了他的母亲，母亲看上去很瘦削，车祸还是在她的脸颊上留下了一些疤痕。母亲眼神中有幽怨，说话很慢，并没有特别的焦急，谈到彬彬，她无奈而绝望。

她告诉我是自己害了这孩子，孩子在重蹈自己的覆辙。母亲自小学习就用功，成绩一直很好，但临近高考的时候因为压力过大，一度出现情绪的问题而影响考试，失去了上大学的机会，这成为母亲心中一直的痛。所以她对孩子的要求就是学习，希望自己未实现的愿望能在儿子身上得到兑现。在她的眼里学习大于一切，她的全部精力都在陪伴孩子的学习中度过，所有科目的学习进程、细节设置、复习轨迹都是她制定并指定孩子去做。彬彬的学习完全依附于母亲的安排，她充沛的精力、昂扬的斗志让孩子也一直处在亢奋和热情当中，并因为学习优异而获得班级的地位，收获更多的瞩目，得到更多的优越。可是母亲万万没想到自己会在儿子中考的节骨眼上发生意外，导致彬彬中考的惨重失败。她怨恨自己，一直有自责和自罪的心理，而儿子也将失利完全怪罪于母亲，一向顺从儿子变得狂躁不安，常常会莫名其妙发火。在儿子眼里，中考就意味着人生的起跑，可刚起跑就夭折了。

来到新学校后，母亲期望会有一些改观，通过人际关系将儿子安排在实验班，但愿能燃起儿子的希望。可是儿子在同学关系上的敏感多疑让他没有朋友，个人的偏执和强迫越来越明显，母亲在他心目中建立的学习第一的评价体系牢不可破，他将自己的怨恨扩大，对超越他成绩的人充满了敌意和嫉妒。

发生抖腿的事件后，他曾用刀片划过自己的手臂，并扬言要砍那位同学，但实际上内心又特别懦弱，害怕同学会报复他。他告诉过母亲自己抖腿的行为让同学嫌恶他,他担心他们会撕掉他的本子,但又在挣扎为什么自己不能自我一点,勇敢地抖腿,给他们一点颜色看看。这种思想一直在强迫他。突然有一天他不抖腿了,但是他的行为又转移到了写字上,担心写字声音过响。就这样,他不停地纠结,试图找到解决的办法,在思索的过程中他又会陷入另一些纷繁的矛盾。

母亲说,她无法与孩子交流,因为他的失败全部是她一手造成的。她后悔自己的偏执,如果当初只是让他做一个普通的孩子就好了,至少他还是健康的。

母亲已经无法找回原来的孩子,更多的时候,她只能躲在一边陪着他,默默地吞食苦果。面对她最爱的孩子,她无能为力。过去她可以驾驭孩子的一切,而现在她只能听从他的安排。

彬彬自小的认知就被封存在学习的牢笼里,他的世界没有其他颜色,他只有一个目标,就是用成绩上的成功来获得他存在的尊严。这是母亲教化的结果。他通过成绩来获得内心的满足,肯定存在的价值。对他来讲,除了考上大学,其他无论哪一条路都是卑微低贱的,他无法接受自己成为这样的败者。在遇到无法集中精力突破自己的瓶颈时,加上周围压力的不断胁迫、同学间的残酷竞争、学校老师只看成绩的评价概念,让他的思想寄托在某种魔化的形式上,以逃避自己的问题。一旦这种力量得不到强化,他又只归结于外因,而不是自己的因素。他认为自己学习成绩不好是因为不能抖腿,不能抖腿是别人造成的,与他没有关系,以此解脱自己的压力。但他又无法挣脱高考这座大山压顶的危机感,因为他觉得如果考不上大学,他就没有未来,就会像他的妈妈一样要一辈子在小车间里辛苦劳作。他在逃避中又时刻感受到巨大的压力,于是在这种纠结中他失眠、痛苦、焦躁不安。

当我关心他、理解他的困惑的时候,他突然会问:"你为什么会对我这么好?你有什么目的?是想获得些什么吗?"

对彬彬从小的经历,他的父母没有透露更多,但是他对人极度不信任、多疑偏执一定有相应的教化基础。这本来是个非常清俊的男孩,可现在他的世界里都是敌人,都是不信任的掠夺者,包括他的父母。

彬彬住了两周后坚持要出院,他觉得在这里找不到答案。他总是摆出一个又一个的问题,在医生说通后,又用自己的逻辑观点推翻理由,他将自己陷入无穷无尽的问题漩涡里。

彬彬出院离开的时候,他的母亲跟在他后面,显得弱小而苍老。

家庭教养模式分析

孩子的问题:强迫、敌对、焦虑、偏执、敏感,价值观扭曲,存在的目的就是分数,不能容忍别人超过自己,对成绩超越他的人充满了敌意和嫉妒。

① 家庭遭遇事故,母亲出现意外车祸,学习上失去依附。

② 自我加压,内心冲突剧烈。

③ 价值观扭曲,存在敌意和嫉妒。

家长的问题:过度要求且过度强调成绩的重要性,对孩子造成压力。母亲将建立的"学习第一"的评价体系强加到孩子身上,使孩子出现价值观扭曲。家长在学习上过度保护和过度管理,导致孩子学习上自我解决问题能力丧失,一旦失去依附,就无所适从。

本案例家庭教育模式属于权威强势型。

心理咨询师的话

人的心理能量要释放、自我要成长,这是一种自然的倾向,如果受阻,就会引发心理上的不适感,甚至形成心理障碍。对"真实我"的长期压制(在"理想我"出现之前,这种压制是无意识的),使心理能量积聚,刺激性事件则使心理能量激发。这股未经释放的心理能量积聚在胸口,形成一个可以感受到的气场震荡,出现严重的能量失衡。为了消解多余的能量,个体就产生焦虑,而焦虑是通过制造心理冲突产生的。

那么,如何制造心理冲突呢?此时会在头脑中出现违背自我意愿的念头、欲望和冲动等,并伴随相应的情绪反应,由此诱发出强迫思维。这种强迫性的对立思维,一方面在为令人不快的情绪反应(比如担忧和恐惧)寻找证据,同时也在为消除这种情绪反应寻找相反的证据,所以让人难以自拔,痛苦不堪。以上过程在潜意识形成牢固的连接,几乎同时发生,所以很难觉察。

由此看出,强迫症的症状尽管表面看起来五花八门,但本质上都是对现实困扰的无意识逃避,是获取虚假的安全感的自我保护措施,是现实利益的替代性或象征性满足,是真实我被压抑的呐喊。

焦虑是心理能量的一种释放形式,焦虑是通过心理冲突制造出来的。焦虑出现后,患者因不明白焦虑的意义,难以承受,就试图通过思考分析、意志克制的手段,或某种仪式化行为加以消除,这意味着强迫症状的形成。而症状一旦形成,就会影响正常生活,损害社会功能,患者不得不想方设法地去解决症状,则又会产生新的焦虑。焦虑的叠加和强化,使症状长期迁延不退。

① 彬彬在失去学习依附后出现抖腿行为,其实都是在缓解紧张和焦虑情绪,同时又因抖腿和同学发生矛盾,甚至出现自虐和暴力倾向,但懦弱的性格使彬彬内心冲突剧烈,十分痛苦。

② 父母要注重情感投入,及时引领沟通,建立正确的价值评价系统,增强其社交实践能力。

③ 父母适度放手,让孩子构建稳健的适应机制,切勿包办。

有的孩子被家长大笔地扭曲,教化成为学习机器,常常都不知道自己是谁,看不清自己,也不了解想要什么。

"我被它折磨得太久，以至于成了它的奴隶。"

为什么我总也摆脱不了性

我记得第一次接诊乔明是在三年前，那时他还在读大学，因为"惊恐发作"而入院治疗。这次他就诊时表面很平静，但欲言又止，像揣着一肚子的心事。

这次，我们在咨询室里单独会面，他不再忌讳，喋喋不休地向我述说着自己的症状："我还是感到头晕、胸闷，两个星期就要发作一回，就好像要死掉一般，浑身出冷汗，气喘不上来。"这是一个俊秀的男孩，各方面都很优秀，却被疾病折磨得失去了锐气。

"别担心，上次我们都把你看好了，这次一定会好。"我安慰他。他似乎平静了些，继续说道："这三年来我一直在用药，也一直在看书，我找了很多方法来减轻症状，转移注意力。我每天坚持长跑，认真准备考研，努力转移视线，好不容易考上了，但是问题又来了。"他突然变得有些激动："我觉得我的后枕部神经有问题，否则我不会这么晕，或者是我的前庭功能有障碍，我需要做检查，我为什么会头晕？"他两只手不停地揉搓着，额头的青筋不断地跳动。

我给他倒了一杯水，沉默了一会儿。

"我终究摆脱不了它,"他深深地叹了口气,"只要碰到有关性的问题,我下面就会勃起,我就会感到气喘、胸闷,有濒死感。我就像被扒光了衣服一样赤裸在众人面前。"他说。

他一直被性的问题所困扰,就像皮肤上长着一个大大的疮疤,一次次被痛楚地揭开,流出殷红的血来。

乔明从出生后就没和父母一起好好待过,1岁时就被家人送到全托的幼儿园,一年级就上了寄宿学校,一直上到高中,他的大多数时间都是和自己度过的。初二的时候,乔明喜欢上了同班的女生,但不敢表达,偷偷地暗恋。那个时候乔明出现了青春期特有的生理现象——遗精。年少封闭的乔明并不知道这是自然的生理现象,当看到有白色的液体从私处流出,他吓坏了,以为自己患上了严重的性病,他甚至觉得自己要死了,身体变得乏力,胸闷、气喘,紧张和害怕让他整晚整晚睡不着觉。他无处诉说,也不敢倾诉,直到他母亲发现他的内裤上有黄色液汁,才发现他两条大腿根两侧长满了脓包,但乔明仍然不敢说出心里的秘密。当时母亲也以为只是皮肤疾病,在医院处理后两侧脓包就消失了。但乔明坚信自己是患上了重病,他对父母难以启齿,更不敢对朋友述说内心的困惑,只能在紧张和不安中度过。

高二上半学期开始,他胸闷、气喘的症状更重了,在医院经历过各种检查。一次偶然间,一位医生跟他谈到青春期遗精的现象,他才发现困扰自己多年的"顽疾"竟然是男性生长发育过程中再正常不过的生理现象。乔明告诉我当时就觉得被自己的无知愚昧给愚弄了,整整被折磨了三年,这个结果让他心理上难以接受,他甚至痛恨自己,痛恨自己的无知,也痛恨自己的身体给自己带来的伤害。

乔明的母亲告诉我,乔明得知真相后一度将自己锁在房间里,随后又出现了更加严重的躯体症状,浑身瘙痒,还经常感到疼痛不堪,不能看到任何男女亲热的画面,电视、电脑、图片的一点点暗示都会让他惊恐发作,且频率越来越高,连药物都难以控制,到了高三他就无法再继续学业了。母亲追悔自己早期对孩子缺乏关注,由于长时间与孩子分离,感情上淡漠,她无法获得孩子对自己的信任。为了得到孩子的谅解,乔明患病后,母亲就辞掉了工作一心陪伴他,只为弥补当年对孩子的情感缺失。

我每次走过乔明的病房,总能看到乔明睡着的时候,他母亲疲惫地倚在沙发上。乔明一起身,母亲就忙不迭地去嘘寒问暖。

"为什么会想到把孩子送到寄宿学校?"我问母亲。"那时候,实在是腾不出手来管他,我有两个孩子要负担,家里就靠经营日杂用品批发过日子。当时真的是没有办法啊!"母亲无奈地叹喟着。

"孩子恨你吗?"我问。她没有说话,似乎不愿意提起过去的事情。

三天后的下午,小乔又一次急性发病,我进病房的时候看见他蜷缩在被子里,脸色苍白,大汗淋漓,身体不停地颤抖,母亲在一旁手足无措,心疼地掉泪。用药控制后,小乔恢复了平静。

我们第三次谈话,小乔变得沉默和平和,他不想说话,我也耐心等待。

"我真的希望是我身体出的问题,至少切除后我就解脱了。医生,你再查查,是不是我的下面长了什么东西,切掉它,切掉它一定就好了。"他不停地央求我。他痛苦地扭动着身体,我意识到他的痒痛又开始发作。

"如果有一个出口给你,你会舒服些?"我问。

他看着我,点点头。"但我找不到这个理由,所有的检查没有发现我的器质性疾病。可我又无法接受一个我无法搞清楚的现实痛苦,我需要找到一个可见的理由。"他说。

"你可以找到的。"我跟他解释:"你的现实痛苦来源于你的焦虑,焦虑会造成植物神经功能的紊乱,出现神经系统的问题,比如头晕、气喘、瘙痒等等。所以如果你情绪稳定,交感神经不那么兴奋,你的问题就可以得到控制。我们现在所做的就是调控你的神经系统,但是药物只是暂时的,你必须稳定自己的情绪,调动积极的因素。不要试图去回避问题,而是直面问题,改变认知。"

他看着我,并不相信这样的解释,他更愿意相信就是具体的病,而不是看不见摸不着的情绪。

我试探问他:"你恨你父母吗?"他一开始摇摇头,随后又点了点头:"起先我恨他们不关心我,恨他们造成我今天的痛苦。但是这两年我改变了,自从我生病后,我妈生意不做了,一刻不离地陪在我身边,从未放弃过我。我现在能理解他们当初的不易,我还有个妹妹,当时的情况下家里确实无法周旋。"

"其实,很多事情都可以想通的,起初你恨你父母,现在你能理解他们,你看待问题的角度发生了改变,你已学会宽容和接纳。同样,在你纠结的其他问题上,你也可以尝试着理解和接纳,也许情况就会好转。"我开导他说。

他很专注地听着,似乎明白了些,一个劲地点头:"是的,对父母,我已经平和很多。"

"学会做减法，减掉这些困扰你的包袱。"我进一步鼓励他。

乔明在成长过程中缺少父母的爱护，长时间寄宿生活，性格脆弱多疑，导致他缺乏安全感，对未知的世界有各种困惑和不安，得不到正向的支持和解释。加上本身敏感的性格，更容易造成惊恐。青春期遭遇的生理变化、性冲动的教育缺失、对性的错误认识、对父母的冷漠和怨恨、封闭的社交圈，均造成他内心自卑、厌恶身体和否定自我的强迫观念。乔明对生理的变化一度极其担心，并泛化出现躯体化症状。这种不安和焦虑每天侵蚀着他，却又无处排解和获得心灵支持。尽管乔明接受没有身体异常，但他的心理冲突却更加激烈，他的自卑自怨也更加强烈。

他告诉我只有经过身体检查他才能获得一种活下去的力量和勇气。在内心深处，他依然想找到一个出口，来承担他所有的疑虑，于是他不断地检查，以获得救赎。长期形成的这种思维认知方式让他在很多问题上走入困惑，正是因为缺乏爱和保护，让心灵难以得到安放。

在与我的探讨中，乔明每每会把话题引到性上，我知道这是他心里的一个痛，又是所有的答案。由于纠结和伤害得太深太久，成为心里的一块疮疤。他只有放松自己紧张的神经，从混乱中走出来，彻底地松弛下来，才能得到平静和安宁。这是个需要爱的孩子，需要亲人的关心支持，帮他建立一种正常的亲密关系。好在他正在感受父母的付出，能理解宽容他们，从而救赎自己。

一个月后，乔明出院了，临走时他告诉我他会多跑步，跑得飞快，来忘记过去。

家庭教养模式分析

孩子的问题：孤独,关爱、支持匮乏,焦虑、强迫思维,对性的错误认知造成惊恐发作。

① 安全关系的建立障碍和不顺畅。1岁的时候就被家人送到全托幼儿园,在成长的过程中缺少父母的爱护。

② 对未知的世界有各种困惑和不安,得不到正向的支持和解释,加上本身敏感的性格,更容易造成惊恐。

③ 内心自卑、否定自我。

④ 性教育缺乏,对性的错误认知。

家长的问题：主动参与能力不强,忽视对孩子的早期关怀。缺乏教养知识,缺乏安全支持。在孩子生长期没有建立良好的亲子关系,在孩子成长期没有主动参与沟通。忽视孩子各个成长期的思想变化,没有针对问题参与孩子成长期的管理,没有责任意识的培养。

本案例家庭教育模式属于冷淡被动型。

根据沙赫特的认知情绪理论,对于特定的情绪来说,有两个必不可少的因素:个体必须体验到高度的生理唤醒,个体必须对生理状态的变化进行认知性的唤醒。因而,情绪变化是由环境刺激、生理状态以及认知因素(对过去经验的回忆和对当前情景的评估)共同引起的,而其中认知因素又起到了决定性作用。简单来说就是:如果人们有正确的认知,他的情绪和行为就是正常的;如果他的认知是错误的,则他的情绪和行为都可能是错误的。

认知的形成受到"自动化思考(automatic thinking)"机制的影响。所谓自动化思考,是指经过长时间的积累形成了某种相对固定的思考和行为模式,行动发出已经不需要经过大脑的思考,而是按照既有的模式发出,或者说是不假思索地行动。正因为行动是不假思索的,个人的许多错误的想法、不理性的思考、荒谬的信念、零散或错置的认知等,可能存在于个人的意识或察觉之外。因此,要想改变这种状况,就必须将这些已经可以不假思索发出的行动重新带回个人的思考范围之中,帮助个人在理性层面改变那些不想要的行为。

认知行为理论将认知用于行为修正上,强调认知在解决问题过程中的重要性,强调内在认知与外在环境之间的互动,认为外在的行为改变与内在的认知改变都会最终影响个人行为的改变。

① 毫无疑问,乔明今天的问题与儿童时期没有得到父母应有的关怀和支持有关。极度缺乏关爱使乔明内心自卑,性格敏感多疑,缺乏安全感,同时父母对孩子的教育包括性教育缺失,这些都为后面乔明在青春期遭遇生理的变化而出现对性的错误认知,进而造成惊恐发作埋下伏笔。

② 家长要重视与孩子的相处,早期建立亲和的亲子关系,增强其安全感,完善保护机制。

③ 重视青春期孩子的心理变化和教育,给予及时正确的引导。

蜗牛把身上的壳看成负担,会觉得被压得喘不过气来,但如果换一个角度,从积极的方面想,这个壳就成了一座挡风遮雨的房子。遇到挫折要学会转变看法,化挫折为一种应对困苦的能力,让自己的身心强大起来。

"它将我逼到死角,吞噬我。其实,它就是我的一部分,和我一样单纯。"

"我看了妈妈的身体"

诊室门外有些响动,似乎是两个人发生了争执,我连忙打开心理咨询室的门,只见一位40多岁的中年妇女拉着一名高出她半个头的小伙子往门里走,但小伙子却执拗地甩着膀子。看到我后小伙子慌乱地低下了头,闪身径直地坐在沙发上。看得出来这还是个学生,大约1米7的个子,头发浓密,嘴唇上有些细密的胡须,眼神有些呆滞,只管瞅着地板。母亲则陪着坐在我的对面,时不时地爱怜地向儿子看上几眼。

母亲打开了话匣,儿子名叫李家,今年16岁,在某中学上高一,从小学习成绩就非常优秀,一路走来都是遥遥领先,且多次被评为三好学生,去年以优异的成绩考取了高中。但是高一上半学期开始,李家的学习出现滑坡,好在成绩还算稳定,基本在班级的中游。但是下半学期发生了一件事,让李家突然变得多疑焦虑,名次下滑变成了倒数。

母亲不断地叹着气回忆道:那是一个明媚的春天,班级里有个和他玩得很好的同学忽然被查出患上了肝炎,需要在家休养。自此以后，儿子就开始变得神经质了，吃饭没有胃口，常常觉得肝区疼痛，上课精神状态很差，注意力不集中。老师曾经找过他谈话，他说怀疑自己患上了肝炎。母亲急忙带他到医院检查，但检查结果证实李家并未感染上肝炎。尽管有了医院的诊断，但李家仍然处于不安定的精神状态，固执地怀疑自己有病。原本性格开朗的他也变得内向自闭，特别疑神疑鬼，无法与同学正常交往，学习成绩一落千丈。无奈之下，母亲在老师的劝导下决定带他看看心理门诊。

李家的母亲告诉我，自己和长期在外打工的丈夫把所有的心血都投到了儿子的身上，本指望他能够出人头地、光宗耀祖，但眼下孩子的变化让他们猝不及防，不知所措。母亲含着眼泪，叹着气说，真不知道该怎么办。

我于是示意母亲先到门外，自己和李家单独聊聊。李家并不是非常抵抗，母亲出门后，他就抬起了头，也没有了刚才的慌乱和执拗，脸上显得平静，但眼神里还有许多困惑。

我故意找些轻松的话题，他则很直接地坦白自己的心情："我就是无法摆脱自己得病的想法，特别是安静的时刻，这些想法就像是洪水一样向我袭来，我无法把它们从脑子里赶走。"他看上去很痛苦，声音也提高了几个分贝，我强烈地感受到他内心里的纠结。但是我不知道他内心的症结究竟是什么，仅仅是惧怕肝炎吗？多数时间我都是在听他诉说，时不时地会给他一些诱导，让他倾泻情绪。他的语言混乱，但是主旨都是表达一种挣扎。

门被敲开，李家的母亲探了探头，欲言又止。我注意到李家的表情有些奇怪，似乎有些张皇。母亲进来后，李家又把头埋了起来,不再吭声。我决定停止这第一次咨询,建议母亲两天后再带他来。

第二次咨询,李家没有第一次见到我时那么恐慌,但是母亲在其身边,他似乎变得很拘谨,于是我安排他母亲半小时后再来诊室接他。我尽量让他说话,但是他总想隐忍什么,多数时间他都是欲言又止。

这种青春期的少年往往会有一些特有的困惑,于是我将话题引到他喜欢什么样的女孩上。他脸上浮现出一种厌恶,竟然恨恨地说道:"我怎么可能喜欢女孩?"我嗅到一些气息,急忙反问他:"为什么?"

他嗫嚅道:"我讨厌女孩。"于是不再吭声了,但脸色很沉重。我宽慰他道:"我理解你,有的女孩确实挺讨厌。"

他似乎得到了某些暗示,胆子放大,突然问道:"医生,我看到我们班上一名男生和一名女生交头接耳,我恨不得杀了他们。"我意识到我快要抓到李家病情的头绪了。

"难道你很讨厌男女之间有非常亲密的举动吗?"我问。

"是的,我觉得这很肮脏。上课的时候,我好几次都有杀了他的冲动。"他说。

"你是喜欢这个女孩吗?"我继续问道。

"不,我也想杀了这个女孩。为了避免受到这样的刺激,我想逃学,但是我是好学生。我无心读书,走到大街上,看到男女手拉手,回到家,又看到电视里有类似的镜头,让我无法睡觉,总是被这个念头所困扰。"他说话语气有些急促。

"你应该想到,这是男女之间正常的行为,当男孩子到青春期的时候，生理上和心理上都会有这样的冲动。这是非常正常也是非常美好的事情。"

"难道掀开母亲的内裤偷看她的生殖器也是正常的事情吗？"他突然大声嚷道。

我有些惊异，但还是镇定了一下口吻："这要看它是如何发生的。"

李家满脸通红，眼睛里掩不住羞愧的泪水。我走过去拍拍他的肩膀，轻声对他耳语道："这不算什么，不要自责。"

李家开始抽泣，双肩不停地起伏，我则静静地等待他内心的宣泄，没再作声。

三天后，李家自己来到我的诊室，这让我感到很意外。他似乎卸掉了一些压力，不再那么拘谨，坐到了与我正对的椅子上。

他很直白地告诉我："我需要你的帮助。"我笑了笑，说道："不妨说出来试试。"

他一定在心里酝酿了很久，可是说出来的时候还是有些紧张，两手不断地搓动着，头埋下去很久。我知道对一个16岁的孩子来讲，要把压在心头的石头搬开，这有多么不易。

李家告诉我，自己的父亲长期在外打工，自己与母亲相依为命，从小母亲就教育他要好好读书，母亲也用自己的省吃俭用、勤勉持家的行动告诫他要争气。因此上学以后，他一直是学校里的三好学生，成绩总是第一，他要让母亲以他为荣。

因为父亲长期在外，家里条件也比较拮据，母亲一直带着他睡觉，一直到初三他还是与母亲同睡一床。初三下半学期，一个冬日的夜晚，当他与母亲肌肤相挨的时候，他的心里突然有一种异样的冲动,感到浑身发烫,他为自己有这样的想法而感到羞耻。第二天,他告诉母亲他想单独睡,但母亲回应道:"家里就巴掌大,哪儿有地方支床?"

晚上又与母亲挨在一起,闻到她身上散发出的肌肤味道,他有一种冲动,想要亲吻母亲的每一方寸肌肤。他感到自己血液沸腾,每个毛孔都盛满了欲望,他无法压抑住心中的邪念,想象着藏在母亲会阴部的东西,自己的手不由自主地向母亲的私处摸去,竟然掀开了熟睡中母亲的内裤。李家看到了毛茸茸、黑黑的一团,手吓得一哆嗦,母亲则侧过身,身子压住了裤头。

一晚上,李家辗转反侧,怨恨和自责的泪水浸湿了被子,他无法原谅自己的举动,担心第二天母亲会发现内裤异常。好不容易熬到了天亮,母亲竟然毫无知觉,一早照样忙起家务事。李家虽然松了一口气,但是非常厌恶自己,将自己做贼的手对着墙角砸了过去。

自此以后,李家一扫阳光,变得阴郁起来,但谁也不知道他内心的变化。他不再愿意和同学交往,下课后就呆呆地坐在教室里,老师上课时一个字都听不进去,每天想到的就是自己的肮脏。双手、双眼、全身上下,他觉得自己没有一处是干净的。他常常洗手,每次洗手都要洗十几遍。他也不愿意老师再表扬他,内心觉得自己不配。他开始将自己包裹起来,谁也进入不了他的心。他不能接受别人眼中光鲜的优等生竟然干出这种龌龊的事情。为此他常常失眠、头痛,想到自己所做的事情就感到紧张、心慌,浑身出汗。所以,当患上肝炎的同学病休的时候,他也想像他那样躲在家里,不为人所知。

我疼惜地看着这个焦虑的孩子,很明显,他已经患上了性强迫症。

男孩女孩在进入青春期后,在激素这个神秘大师的导演下,生长突然加速,在不知不觉中第二性征依次出现。生理变化的同时,心理也在发生变化。但是李家缺乏这方面的知识,加上一直与母亲同床就寝,给他的心理造成压力,一方面无法抑制住自己对性的冲动,另一方面又要用传统的道德标准极力压制这种幻想。当冲破自我道德尺度,揭开这神秘的面纱时,李家又陷入另一种境况,自责、悔恨、挣扎、纠结。

李家的主要表现在于对自我的不接纳与性的压抑,总会在内心与自己作对,总是认为自己不应该出现不干净的想法,若是出现了,就会拼了命地与这些念头斗争和对抗,压制这些念头的出现。而对抗和斗争来自安全感缺乏而延伸出来的完美主义的性格,追求完美的结果只会导致不断的失败和挫折,而这必定会与自己的评价体系发生冲突,产生落差,由此他看不起自己,不愿意接纳自己,于是在心里形成了一个理想中的完美自己和不愿意面对现实的自己,自己把自己分裂开和敌对起来。在李家的心灵深处,仿佛有另一个灵魂在与自己对着干,而这实际上就是自我不接纳导致的。

孩子的成长过程中,父母的角色缺一不可。在李家的成长中,似乎始终没有父亲的参与,由于缺失父爱,长期和母亲在一起,致使他的性格变得阴柔、胆小、谨小慎微、狭隘,缺少男性的阳刚和胆魄,对事情的处理存在偏激和固执。

针对李家的问题,我给他的母亲开出三道"药方":一不要再母子同睡,以避免孩子产生内心的自责和压力的情境。二是寻找新的沟通媒介,建议帮李家找朋友,可以有同性朋友、异性朋友,男孩女孩可以从不同的角度来评价青春期性发育体征现象。三是渗透性的暗示,告诉李家什么是男孩子的魅力,克服阴柔的性格,接受竞技性体育运动或者挑战一些极限的锻炼,让他在运动中感受到力量,体会真正的男性之美。

在后一年的随访中,李家的情况逐渐好转,特别是母亲获得指导后有较大改观,给了孩子正确的引导。

最近李家母亲专程来告诉我,李家复读了一年,成绩很好;丈夫也回到家中,一家人很开心。李家今年还被评为了优秀学生。

家庭教养模式分析

孩子的问题:焦虑,强迫思维,对自我的不接纳与性的压抑。

① 从小和母亲在一起,父爱缺失,致使他的性格变得阴柔、胆小、谨小慎微、狭隘,对事情的处理存在偏激和固执。

② 缺乏青春期性知识,与母亲共寝发生性冲动后,陷入自责、悔恨、挣扎、纠结中,造成焦虑和强迫。

③ 安全感缺乏而形成完美主义的性格,不能接纳失败和挫折以及自认为不应该出现"性冲动"这种不干净的想法。

家长的问题:父亲的参与管理较少,情感培养投入不足,没有建立良好的亲子关系,导致孩子安全感缺乏。孩子的成长过程中,父母的角色缺一不可。父母没有关注青春期孩子的生理心理变化并及时给予引导导致孩子这方面知识缺乏,产生错误认知。

本案例家庭教育模式属于忽略型。

心理咨询师的话

潜意识是强迫症产生的导火线。潜意识里的"消极心理效应"一直被压抑着,慢慢转变成焦虑。按照弗洛伊德的焦虑理论,焦虑分为三种:神经性焦虑、客观性焦虑和道德性焦虑,它们分别对应"三个我"中的本我、自我、超我。潜意识与显意识做斗争的过程也是一个本我、自我、超我做斗争的过程。"本我"要求个体按照自己的意愿去做,往往与"自我"对现实的需求产生冲突,又违背了"超我"的道德要求。人格结构失衡,产生强烈的心理冲突。在这种状况中当事人出现种种心理防御机制,这些防御机制使得强迫、焦虑等症状强化而变得愈加严重。

① 对自我的不接纳与性的压抑使李家陷入痛苦的挣扎中。一个理想中的完美自己和不愿意面对现实的自己,不断发生着冲撞。而这一切源于父亲早期的角色缺位,使李家形成阴柔、谨小慎微、狭隘、固执、偏激、完美主义的性格。

② 家长要关注孩子成长中的各种生活事件,尤其对于进入青春期的孩子,更应及时给予疏导,帮助其建立正确的认知。

考虑问题的角度可以是积极的,也可以是悲观的。同样的尾巴,不同的松鼠有不同的看法。第一只小松鼠把尾巴当成负担和累赘,尾巴影响了它的生活,它讨厌尾巴。第二只小松鼠却把它当成靠垫,睡觉的时候可以高枕无忧。这是两种不同的人生态度。

"精神被监禁的时候,身体就会逃出来,伺机作案。"

一吃就吐的高中生

王春复读后高考的成绩又砸了,比去年的总分还少了3分,只能上"二本"。王春听到这个消息后,呆坐在房间整整一天。之后王春就出现胃口很差的情况。父母为了让他散散心,带他来到南京,可没几天他又出现了恶心、呕吐的症状,到医院开了些药,但呕吐的症状不仅没有改善,而且越来越重,一周内24小时不间断地呕吐,最后吐得精疲力竭,胃液和胆汁都呕了出来,不得不打止吐针,住院观察后,症状仍然没有明显好转,只要进食就会剧烈地呕吐。更为奇怪的是,各种检查都做过了,表明王春的消化道没有任何问题。无奈之下,消化科请我们会诊,考虑是心理问题引起了肠功能的紊乱。

经过抗抑郁的治疗,王春的情况明显好转,呕吐很快得到控制,并且能够缓慢进食。我知道这样的患者都是因为心理压力过大,通过心理疏导来改变认知和释放压力,效果会更好。

王春与我聊天的时候表现出急切的回家愿望,我仍能感到他的焦虑。他说话语速很快,似乎想要挣脱现在的状态,重新开始,但是又存有质疑。他告诉我他不会再选择复读了,无论他接受不接受,这都是既定的现实,他只能接受。他与我说话时一直没有正视我,两眼看着天花板,似乎是在对自己说他不得不这么做,或者说他必须这么做,但他仍然不甘心。

他告诉我他很后悔,后悔高中玩了两年,到了高三明白过来的时候已经晚了,选择复读是自己重新再来的机会。

他回忆自己刚上高中时的风光,当时的目标就是清华北大,他傲娇得能把一切尽收囊中,当时的他不仅在班级名列第一,就是全年级都是数一数二的。可是高一后不久他就放松了学习,把目标一次次降低,等到高考成绩出来,正如自己所预料的,只考了个"二本"。

他不能原谅自己,更不能接受自己在别人眼里失去优秀身份的事实,他觉得历史可以改写,因为自己本来就是一个有能力的人,这只是一时的沉浮而已。他决然选择了复读,并将复读的耻辱挂在头顶之上。他告诉我,那一天起,他就把自己逼得像狗一样,连笑一下都不可以。

对自尊心极强的他来讲,复读是一种承受和折磨,他让自己每天直面痛苦来激活内心的动力。想到那些原本没有他读书好的同学却很光鲜,现实境遇的强烈反差让他心如饮血。日子一天天过,他在学海里苦苦挣扎,却没有效率,无法集中精力。他的担忧越来越重,甚至无法入睡,心头上压了一块重重的石头,让他经常在噩梦中惊醒。他不能接受自己再一次失败的结局,抑或是他无法接受失败的自己。

他一直不停地说着,不容我插话。他告诉我,自己第二次高考的当天晚上他就失眠了,整晚没有睡觉,当时他就预见到自己要考砸了。进了考场,拿到卷子就感到大脑一片空白,他脑袋发晕,越想镇静却越发慌乱。他手发抖,胸发闷,全身一阵阵冒汗,监考老师不时地看向他,他更慌乱了,觉得自己完了,时间一分一秒地过去。他闭上眼睛,告诉自己只能接受这样的结果。他好不容易说服自己,时间已经过了一大半,到交卷的时候,他仍有两道大题没完成,他甚至想到了下一次的机会。他对自己说:"下一次再给我机会,我一定不会输。"但终究要面对结局,当拿到第二次高考的分数时,他还是没有想到自己会这么差,差到无地自容。他看不起自己,觉得别人更看不起自己。他想着自己当初的荣光和现在的惨败,一动不动地在电脑旁坐了一天,他不知道时间怎么流过去的,但流过的每一分钟都是耻辱。

他交叉着手,深吸了口气,平复了一下情绪。

我问他:"这些事你还记得如此清晰?"他低着头:"无法忘记。我觉得自己失去了自我,以为可以找回来,结果什么都不剩了。"

我问:"如果再给你一次机会,你会怎样?"他没有吭声,随后说道:"可能会好的,也可能很糟。"他不确定,他现在已经不相信自己了。

我问他下一步的打算,他两手一摊:"只能这样,还能怎样?"我意识到他的不甘心,他还在自责埋怨中挣扎,他还在埋怨上天的不公。

他对我说:"老天爷为什么不眷顾我?我只是一时被泥土遮蔽的珍珠。"我告诉他:"其实人在哪里都可以发光,只要你是真金。"

他的焦虑在他的叹息声和握拳时暴凸的青筋中显现。

他的父母在他的生命里没有着色，王春是爷爷奶奶带大的，生活上虽无微不至地照顾，但思想上缺失沟通交流。父母常年在外打工，用挣得的学费供养他成长，他们所理解的幸福就是孩子出人头地，光宗耀祖，对孩子的要求就是学习成绩上的报答。

王春个性要强独立，很小就知道如何争取自己的地位，他并不怯懦，学习自觉，并通过努力挣得一份荣耀，从小学到初中再到高中，他都是老师的挚爱、学校的宠儿，他从未输过，他也不想让父母看轻了他。

和我谈到父母时他鼻子里"哧"了一下，简单说了一句"他们只会吵架"，随后就不愿提起。他告诉我，遇到问题，他只和自己谈，都是自己解决，他的父母与他无关。他不想让他们过问的最好方法就是用学习来回击，王春不愿意父母留意他。

他自嘲地说："我不缺乏爱，也不缺乏关心，我自己很独立。我只是太想要了，太迫切，把自己逼得太狠了。"

几天后王春的父母找到我表示感谢，我问及他们与儿子的关系，母亲说："孩子从小不在身边，交流很少，他很有主见，很多事都是自己决定的，所以王春是怎么想的我们也不太清楚。这孩子自尊心强，上次没考好，打击很大，脾气变得暴躁了。复读后，几乎每天学到深夜两点，人也变得很焦虑，整个人都处在高度的紧张状态里。我们不敢和他说话。"父亲说："他从不和我们谈他的想法，我们也忙，要挣钱赚学费。"

父母在外辛苦赚钱供他上学，这多少让这个自尊心很强的孩子有了被逼的压力，而从不会释放压力的他不仅长期找不到人排解，还会更加倍地自加压力。第一次高考失利，他归结于不努力，所以第二次复读时连上厕所都精确时间,但越是加压,越是心理失衡,越是不能排解,越会造成压力对身心的损害,害怕、恐惧、焦虑、紧张……这些心因性的情绪摧毁了他的良性体系,吞噬了他自信,他开始怀疑自己的能力。

有了一次失败后会担心更大的失败,负性的思维占据了主导。由于情绪的变化,导致身体出现问题,失眠、消化紊乱、头痛、注意力不集中……各种不适接踵而来。他的消化道症状正是强大压力后,植物神经功能紊乱所导致的一种躯体表现。

两周后王春主动来找我,他说他最近有些想明白了,慢慢开始认识到问题所在。

这是一个需要给他思考空间的孩子,他并不容易受人影响,但在理清所有线索后,他会让自己明白什么是唯一的出路。他说:"我是自己逼自己太狠了,只想着要赢,完全没有一个合理规律的学习习惯,我背负得太多,所以爬不上顶峰。是我自己把心态弄坏了,其实等我冷静下来,90%的考题我基本上都会做,我败在我的心态上。"这次他很真诚地看着我的眼睛,认真地告诉我。他又说:"不过,我还是会去上'二本'。"

王春出院之前,我们给他父母上了一个家庭关系的培训,其间王春很敷衍,长期淡然的关系要想改变,需要漫长的时间和双方的付出。但好在王春已经建立起对自我正确的评价认知,他告诉我:"谁能说这次失败不是一件好事呢!"

家庭教养模式分析

孩子的问题: 焦虑,自尊心极强,负性思维,对自我的过度加压,不会排解。

① 从小由爷爷奶奶带大,父母长期在外打工,思想上缺失沟通交流,长期无法排解压力。

② 第一次考试失利使其信心大减,习惯用负性思维思考问题,变得焦虑和不自信。

家长的问题:父亲的参与管理较少,情感培养投入不足,没有建立良好的亲子关系,导致孩子安全感缺乏以及遇到问题无法排解。同时,他们关心的不是孩子的健康心理,而是自己的面子,想让孩子出人头地、光宗耀祖,对孩子的要求就是学习上报答,忽视孩子其他方面的发展。

本案例家庭教育模式属于忽略型。

理性情感治疗基于这样的假设:非理性或错误的思想、信念是情感障碍或异常行为产生的重要因素。对此,Ellis进一步提出了"ABC"理论。在ABC理论中,A指与情感有关系的激发事件(activating events);B指信念(beliefs),包括理性或非理性的信念;C指与激发事件和信念有关的情感反应结果(consequences)。通常认为,激发事件A直接引起反应C。事实上并非如此,在A与C之间有B的中介因素。A对于个体的意义或是否引起反应,受B的影响,即由人们的认知态度、信念决定。例如,对一幅抽象派的绘画,有人看了非常欣赏,产生愉快的反应;有人看了感到这只是一些无意义的线条和颜色,既不产生愉快感,也不厌恶。画是激发事件(A),但引起的反应(C)各异,这是由于人们对画的认知评估(B)不同所致。由此可见,认知评估或信念对情绪反应或行为的重要影响,非理性或错误是导致异常情感或行为的重要因素。

Ellis 的 ABC 理论后来又进一步发展,增加了 D 和 E 两个部分,D(disputing)指对非理论信念的干预和抵制;E(effective)指有效的理性信念或适当的情感行为替代非理性信念、异常的情感和行为。D 和 E 是影响 ABC 的重要因素,对异常行为的转归起着重要的影响作用,是对 ABC 理论的重要补充。

① 王春一吃东西就会恶心呕吐,看似消化系统的问题,实则是其强压下长期无法排解引起植物神经功能紊乱所导致的一种躯体表现。

② 家长应多给予孩子温暖和支持,了解孩子的思想脉络,打开孩子的心结。

③ 家庭成员要有积极的心态,构建宽松和谐的家庭氛围,遇到问题应及时给予孩子疏导,帮助其建立正确的认知。

爬上顶峰有很多条途径，绕着走，虽然时间会长一些，但是也一样能到达顶峰。人生不仅仅只有一条路，每一个行业都可以出状元，只要朝着目标努力向前，绕着走最终也能成功。

"爱的重量,不要太重,不要太轻,能容下我们。"

菠菜引发的事故

小姑娘叫阳阳,16岁,上高二,见到我的时候神情很自然,喜欢笑,说到生病是因为菠菜惹的祸,阳阳不断地掩着嘴笑。只是她的父亲站在旁边,一脸的担心,时不时地拉拉女儿的手。

阳阳是在一个月前吃菠菜时被噎到,折腾了半天,虽然在医院里取了出来,但这之后,吃东西时喉咙里就总有异物感,后来发展到害怕吃饭、恐惧吃饭。到各家医院的耳鼻喉科检查,均未发现问题。后又辗转到脑科医院就诊治疗,好了一段时间后又再次复发。阳阳情绪上并没有太大的起伏,但是到吃饭时就显得过度紧张,不愿意吃饭。他的父亲咨询了很多医生,用了各种方法,而阳阳的异物反应时好时坏、时轻时重,她的父母被折腾得不知所措。

评分量表测评结果显示阳阳存在焦虑情绪,综合临床表现,诊断为焦虑症。但是仅仅因为菠菜卡喉,阳阳就出现无法进食的症状,其背后的心理原因是什么?

带着这个疑问,我和阳阳做了长谈。阳阳虽然已经上高二,但心智偏幼,天真烂漫,更像个初中的孩子。她告诉我,第一次菠菜卡住喉咙的时候很难受，喘不上气，有濒死的感觉，当时感到很害怕，心里觉得恐惧，但是很快就过去了。第二天吃饭的时候，也没有觉得有什么特别，也吃下去了，只是不太舒服。但是第三天，饭团下咽的时候堵在气管上，那种濒死的感觉又来了。之后一看到食物她就恐惧，更多的是紧张和担心。

她继续说道："前段时间到脑科医院，一位和蔼可亲的医生不断地帮助我调整心理状态，让我进行放松训练。那天吃饭的时候，好像就不是特别担心，饭也吃下去了，可是三天后那种紧张感又重新袭来，对饭菜又开始出现抵触情绪，能躲就躲，能逃就逃。虽然我也知道这是心理的问题，但是我很难摆脱这种压力。我尽量装着不去想它，可是越不想越会想，所以现在只能吃些粥或者汤。爸爸都急得头发白了。"说着她皱了皱眉头。

"妈妈什么态度？"我问道。"妈妈没有爸爸那么紧张，妈妈不怎么管我，我的日常起居都是父亲管。"她答道。

"你和父亲更亲密些？"我问。阳阳脸上露出幸福的表情，说："爸爸很疼我，对我百依百顺。这些天我吃不下饭，他特别担心，变着法子给我做吃的，每天都会上百遍地问我：'怎么样，还感到噎啊？'我如果不舒服，他会立马带我去医院。为了能治好这毛病，他在网上几乎查遍了所有的资料，还到处询问心理科的医生。"

我继续问道："你觉得父亲是个怎样的人？"她想了想说道："爸爸脾气特别急，而且对我的事情很上心，我要是吃少了、穿少了，他就特别紧张，生怕我怎么的了。晚上复习功课，我如果不睡觉的话，他不会睡觉的。我就是他的心肝，只要是我的任何一点事情他都会特别认真，尤其是生活上的事情。有一次我和同学出去玩，忘了开手机，回来晚了,回家后才知道老爸几乎把我所有的同学都找了一个遍。"

她嘟了嘟嘴,说:"有时挺烦他的,只要有他在,就不停地唠叨,我的生活就像是拧上了发条,催得我不得不快跑。"她又叹了口气:"他就是这样一个人,永远瞎操心。"

后来管床的小张医师告诉我,她的父亲曾经出过一次事故,在工作的时候被意外烧伤,当时情况很糟糕,他整整昏迷了一个月,在床上躺了大半年。病愈后性情有些变化,原先比较粗放,现在很恋家,尤其是对女儿精心呵护,凡事女儿第一。

果真,阳阳住院后父亲来得更多些,每每从病房经过,总能看到他陪在女儿身边,很专注地看着心爱的女儿,一脸温情。阳阳在治疗了一周后,明显有了起色,我抽时间约父亲交谈。

父亲外形很魁梧,与他细腻的情感表现有些反差。他对我特别地感谢,很愿意配合。父亲告诉我,自从经历过事故后,他特别珍视亲情,在昏迷住院的这段时间里,他感受到了家庭的分量。痊愈后他经常陪着老婆和孩子,推掉了很多的应酬。他说他还是会梦见那场大火,也是那场大火教会了他什么是最珍贵的,他害怕失去。这种心态牢牢地掐住了他,他常常会感到焦虑,没有安全感的焦虑,还有莫名的担心。

"可能是因为我的眼睛总是离不开女儿,让她感到特别不自由,"父亲对我说,"现在外面太乱,随时会有意外发生,所以不得不谨慎再谨慎。"

我问:"你很了解女儿吗?"他很肯定地点点头:"这孩子像我,看上去粗粗大大的,心思却很细腻。她对我很上心,凡事都听我的。"说到这里,阳阳爸爸看上去很自信。

"这段时间她吃不下饭,我也基本上没吃几口舒心饭,上桌吃饭都成了一天中最难的事。她紧张,我比她还紧张,大气都不敢出。她要是吃不下去了,我这一天都过不好。你说这孩子的毛病会不会再犯?能彻底治好吗?"父亲一个劲地问我。

我告诉他:"孩子的心因在于她过度焦虑。"

阳阳的父亲因为有过一次意外,对生命格外地看重,这种生死的经历让他意识到生命的脆弱和不易,他从原先性格粗放状态变得谨慎,对生死的认知有了巨大的变化。他曾经走在死亡边缘,对生产生了强烈的控制欲。因为意识到生命的脆弱,于是对自己不可控的事件会感到恐惧和担心,特别是对亲近的人,更加害怕失去。但对女儿的喋喋不休或者说是过度关注,让他在某种程度给了女儿一种胁迫和压力。而性格与他相仿的阳阳在这样的环境中完全只是被动接受,对周围环境出现敏感的反应。

当发生菠菜卡喉的事件后,阳阳本身的敏感加上父亲不断的提醒和暗示,导致阳阳情绪和心理发生了变化,出现焦虑状态。父亲的不断暗示更加剧了她的敏感,她的易暗示性被放大,多疑加重,知觉感觉引起了肢体感觉变化。

在之前心理医生的引导下,阳阳的焦虑情绪得到了舒缓和平复,她的情绪得到松弛后,神经敏感状态也放松下来,于是噎喉的感觉得到了缓解。但是一回到家里,父亲的紧张又让她感到不安,刚刚平和的情绪又开始焦虑起来,尤其是父亲不断地在耳边暗示和提醒,关注她吃饭的状态,不断地重现菠菜噎喉的情形。阳阳的易暗示性被接受,噎喉的感觉重新袭来。

因此要想治疗好阳阳的疾病,源头在父亲。

由于过于焦虑,父亲的生活空间基本上被女儿所占据,女儿的喜怒哀乐,生活的细枝末节都被他重视,经常担心和恐惧,晚上做噩梦和失眠,让他处在极度的紧张状态。那次意外事故之后,父亲仍然没有从创伤性应急障碍中走出来,恐惧的情绪没有得到宣泄,导致情绪发生问题。

阳阳的父亲在女儿治疗进程中慢慢接受了自己存在焦虑情绪的事实,并且配合心理医生的咨询和疏导。

经过团体治疗,阳阳的父亲改变了认知,意识到家庭关系氛围处理的技巧和自己情绪的根源,学会了如何调节家庭氛围,营造良好轻松的共处环境。

阳阳出院的那天,父女俩人兴高采烈地收拾书包,孩子依然天真烂漫,但父亲收获满满,内心充满了力量。

家庭教养模式分析

孩子的问题:焦虑、敏感,害怕吃饭,恐惧吃饭。
① 性格敏感,易受暗示。
② 面对来自父亲的压力,被动接受,过度焦虑。

家长的问题:父亲过度保护、过度关注,导致对孩子不健康的思想控制,对孩子的性格影响较大,在很多问题的处理上,人为地增加孩子的负担,使孩子过度敏感过度焦虑,造成孩子性格的缺陷。

本案例家庭教育模式属于过度关注型。

心理咨询师的话

霍妮(Karen Horney)在她的心理发展理论中提到"基本焦

虑",焦虑源于人际关系的不安全感,基本焦虑是混乱的人际关系造成的,而精神病则是基本焦虑的表现形式和途径。

霍妮同弗洛伊德一样持早期决定论,认为社会文化中的矛盾倾向是通过个体早期的人际关系,尤其是亲子关系而对个体产生影响的。这样,个体早期亲子关系的优劣,成了基本焦虑是否产生的决定因素。父母亲对子女的态度是基本焦虑产生与否的关键,如父母真心爱护子女,则会使子女的安全需要得到满足,而不会产生焦虑。如父母对子女漠不关心或者施予假爱,则会使子女对父母产生敌意。但由于其弱小,在身心两方面尚依赖父母,并出于对父母的惧怕、出于对失去父母之爱的惧怕,以及为避免愧疚感,儿童就压抑对父母的敌意,这种被压抑的敌意就转化成焦虑。所以霍妮认为童年经验中的亲子关系对个体的人际关系起决定作用。

① 阳阳在菠菜卡喉事件后就出现无法进食的症状,其实是焦虑症的一种表现。这种焦虑症的产生来源于阳阳父亲。父亲在出现意外烧伤后出现焦虑等情绪问题,这种焦虑更多地表现在对于阳阳的过度关注上,阳阳本身敏感的性格和父亲不断的提醒和暗示,最终导致她出现焦虑状态,知觉感觉引起了肢体感觉变化,导致阳阳无法进食、恐惧进食。

② 我们强调父母要给予孩子宽松和谐的家庭氛围,适度放手,建立健康的亲子关系。同时应重视对父母的教育培训,让他们掌握教养知识,学会管理好自己的情绪,营造健康良好的家庭氛围,这有利于预防儿童心理障碍的发生。

风吹着湖面会有不断的涟漪产生,风越猛烈,波及的范围越大。父母过多的焦虑、过度的关注,会潜移默化影响到孩子,而孩子往往定力不强,焦虑就会在他(她)身上产生一连串的反应。

"我还小,不想长大。"

"长不大"的妈妈

　　王芳住院已经半个多月了,主管医生小李告诉我,王芳的强迫症状没有好转,不敢碰墙、碰床头柜,天天嚷着让护士给她调到单间病房。最奇怪的是,她似乎以此为乐。我怔了一下,心想这会是一个比较棘手的病人。

　　我查看王芳的病历,王芳今年42岁,家庭条件很好,在市政府办公室工作。15年前出现反复洗涤、洗手等强迫症状,最近症状加重,遂来就诊。

　　我决定第二天安排心理咨询。

　　王芳瘦削精干,眼睛灵动,充满活力,推门进来的时候并不拘谨,相反看到很多实习同学围聚在自己身边,显得更兴奋。她刻意端正了姿势,挺直了身体。当我让介绍病情的时候,她的声音非常洪亮,思路脉络清晰。

　　"我是在儿子出生以后开始出现强迫症状的,我很担心他的安全和健康。父母接他出去,我会不放心,他上小学后,我必须亲自接送。出门上街,我会紧紧拉着他的手,生怕他走丢。后来我就觉得他的衣服上有细菌,别人将衣服机洗一遍就够了,我要手工冲洗两遍,每天光是洗衣服就要耗去四五个小时。如果有肥皂沫溅到身上,我就会觉得衣服脏了,必须脱下来再洗。只要我上街、坐公交车,我都要换好干净衣服才能进房间。所以我现在买衣服只选择方便清洗的面料。"她说话的时候就像心里打好了腹稿。

"什么时候你觉得这是一种不正常的状态?"我问道。

"就是前两个月,去饭店吃饭。我觉得他们端上来的一道菜不干净,就想让服务员换掉,但又不敢说,怕说了他们会往菜里下毒。我跟老公说了,老公让服务员把菜换了,我却不敢吃,看着老公吃。后来饭店找回钱,我觉得这钱和别的钱不一样,我反反复复地检查,因为不小心摸了钱,又摸了手机,我就觉得手机上有细菌,就把手机扔掉。装钱的裤子口袋我也反复清洗,甚至是裤子挨到了沙发,我也会把沙发整个翻过来清洗。我每天都在担心这不干净、那不干净,生怕自己漏掉了什么。现在单位的同事都不敢到我家来,我的手机平时放置在静音,等到了晚上我会把手洗干净了再一个个地打过去。"

我发现她并没有感到焦虑,相反非常享受自己的表达,就像一个演员在说别人的故事。

"你常常有不安全感吗?"我问。

"是的,我控制不了这种担心的意识,即便我知道这是不必要的,但是无法摆脱。孩子出门了,我就会担心他的安全。我还担心我的言行举止会让别人做出伤害我的事情。我每天被这种情绪所控制。"她眼神里流露出无奈,此时,我才能感受到她内心的焦灼。

我夸赞她的表达能力和充沛的精力,她抑制不住兴奋,高兴地说:"我想做个演员,我觉得我天生是做演员的料。我学生的时候能歌善舞,是学生会台柱子。而且,我想做成的事都能做成,我的儿子被我培养得很好,学习成绩非常优秀。现在我在教育我的侄子,也教育得很好,我觉得我还可以做老师。"说话间她不自觉地抬高了嗓门,显得异常亢奋。

"你现在在哪里工作?"我问道。她的表情黯淡下来:"我的工作很舒服,非常清闲,我不知道该做些什么。"

"你可以做得更好的。"我暗示道。她眼睛闪着光:"我觉得这工作埋没了我,我浑身有使不完的劲,但如今却不能体现自己的价值。我想被人认可,成为被瞩目的中心。"

我感到自己触碰到了她的症结。她向我饥渴地表达自己的个人愿望,展露自己的优势,希望我的介入评判能让她获取更多的自我肯定,并从中获得满足和快乐。我以倾听为主,满足她被褒奖的欲望,并建议她配合医生的治疗,提高依从性,她很高兴地答应了。

我了解了她的家庭情况。王芳从小家庭条件优越,家里兄弟姐妹三个,她是老小,上面两个哥哥。大学毕业后被父母安排到市政府办公室工作,丈夫性格温顺。孩子出生后王芳出现强迫行为,孩子小学毕业后住校,最近一年王芳的症状加重,无法正常工作。

凭经验,我初步判断她是从小被溺爱过度,家庭教养存在问题,造成个性发展障碍。果真,王芳自小在家里养尊处优,父母对她俯首帖耳,百依百顺,但却没有唤醒她自我成长的意识,不知道如何处理人际关系,在对外交流上、情感上存在障碍,凭借自己的主观臆想来判断是非,缺乏应对困难和解决问题的能力。在工作和结婚的问题上均为家人安排,内心习惯被动接受,害怕外在的压力;但在家中表现出绝对的权威和极强的控制欲望,从家人的顺从中获取满足感来抵销自己在外面的不安全感。特别是在工作中的平庸表现和美好理想的冲突,让她"幼小"的心灵无法承载现实的冷峻。随着孩子的出生,她要从一个习惯被家庭照顾的"孩子"变成一个照顾别人的母亲,怯弱的内在和必须承担责任的现实冲突摆在了她的面前,她选择了逃避,通过转移视线,回避冲突,同时通过暗示自己有病来回避现实困境,并获得最初习惯的安全状态,用一个合理的理由来逃避承担责任。

孩子出生后她出现强迫行为,一方面是内心冲突的结果,另一方面是她逃避现实的一个合理借口和防御方式。在与人交往中她很善于利用她的强迫人格,让自己的思想占主导地位,不能得逞的时候也会娴熟地编出理由作为抵挡的屏障,并自我欣赏,在控制中享受快乐,乐此不疲。但实际上她的内心却蜷缩在自己编织的世界里,极度害怕面对陌生的外部世界,因此我称她为"长不大"的妈妈,或者说不愿意长大的妈妈。她已经习惯于生活在自己熟悉的情境,因而拒绝长大、害怕长大、害怕承受长大的痛苦。

王芳的人格障碍折射出中国家庭教养方式最普遍的病态。家长过度保护,过分溺爱,加上现行的应试教育模式,都影响甚至阻碍孩子正常的心理发展状态,违背自然的成长规律。每个孩子的内心都有一颗成长的种子,在任何土壤里他(她)都会成长,如果人为地折枝修剪,为其遮风避雨,扭曲其成长规律和状态,他(她)只会是一朵温室里的小花或缺乏生命力的盆景,无法适应外界的洗礼而过于孱弱甚至过早夭折。

王芳就是一个典型的例子,父母的娇宠、性格的任性、一味的包办,让她失去成长中的经历和锻炼,缺乏抵御风雨和承受挫折的能力。她的强迫行为正是内心焦虑、不安、害怕、恐惧的反应,甚至体现在与同事的交往和社会行为中,通过给自己编织一个个美丽的理由来逃避现实生活的冲击。

从几次心理治疗的记录中,我发现王芳缺乏改变行为习惯的执行力,在认知上习惯于征服别人的思想,常常保持自我抵御和控制欲极强的状态,很难让她在认知上作出妥协和接受,这是一个依从性不好的病人。早期的发现、干预非常重要,由于病人年龄较大,性格已经定型,给治疗带来困难。

提醒家长,一旦在早期发现孩子出现强迫思维,做事刻板、追求完美,多疑敏感、偏执顽固;紧张焦虑、不安惊恐等表现时,要及时带孩子到正规医院的心理科接受指导,以免形成将来不完善的人格。家长要善于学习,通过学习家庭疗法,改变过度保护的意识理念,还孩子成长的空间,积累经受挫折的经验,让每个孩子自然生长、健康成长。

家庭教养模式分析

患者的问题:回避、幼稚,拒绝适应,强迫思维,平庸的现实和美好的理想出现冲突的时候选择退缩,拒绝接受现实。

① 极强的控制欲望,在控制中享受快乐。

② 孩子的出生,使她必须承担责任的现实与她怯弱的内在形成强烈的冲突,她选择了逃避,通过出现强迫症状转移视线,回避冲突。

③ 用孩子的眼睛看待世界,拒绝长大。

家长的问题:父母过度保护,一味地包办,使孩子失去成长中的经历和经验,导致孩子性格上胆怯、懦弱,害怕接触外界,孩子自我解决问题能力丧失,回避现实世界的压力来获取保护。无法承担责任和义务,遇到问题就退缩,甚至借口心理疾病以逃避社会责任。

本案例家庭教育模式属于过度保护型。

美国心理学家莫维尔(Mower)的二阶段理论是强迫症的行为主义模型的基础。Mower 在 1960 年进一步阐述了他的理论:第一阶段,一个中性事物,当它与能够引发焦虑或者身体不适的刺激同时出现后,这个事物与恐惧就联系在一起了。通过条件反射,诸如想法或图像等一些中性事物就具备了让人不舒服的能力。在第二阶段,为了减少痛苦,回避和逃避行为就产生了,而且如果回避和逃避能够成功降低焦虑,这些行为就会得到强化,一直保持下来。也就是说强迫症患者的先占观念,是过于关注恐怖性刺激,通过经典条件反射,这些刺激会引起患者焦虑的情绪,而强迫行为就是对这些刺激的逃避或回避行为,强迫行为就能减轻或防止这种焦虑情绪的产生。当然不仅仅是焦虑的情绪,很多病人都主诉为一个相对模糊的名称"不舒服",而强迫动作的持续存在,就是病人学习减轻"不舒服"感觉的过程。

拉赫曼(Rachman)等认为,强迫行为常常由某些环境因素引起,当强迫症患者暴露于相应的环境时,会有逐渐增强的不适或焦虑,而其开始强迫行为后常常体会到不适的感觉明显减轻了。

① 从小被溺爱过度,造成王芳个性发展障碍,缺乏应对困难和解决问题的能力。她出现强迫症状实则是其无法面对现实的压力,内心强烈冲突造成的,同时也是其转移视线的一种方式和获取自我的一种保护。这是问题的关键,意识到这一点至关重要。

② 父母要密切观察,及时把握孩子成长阶段思想变化,发生问题及时干预,关怀支持,给予正向引导。

③ 父母适度放手,帮助孩子构建稳健的适应机制,学会承担责任和义务,切勿包办。

被大树庇护的小树苗依然这么瘦小，而旁边与它同龄的树苗已经独立长大。现实中很多家长就像这树妈妈，因为"太爱"而娇惯纵容，导致孩子心智脆弱，甚至永远也长不大。

"我想好好学,但不知道为什么听懂了却不会做作业,总也没有办法。"

我不知道怎么办才好?

"为什么我上课听得懂,却不会做作业?"这是我在临床上经常被就诊者问到的一句话。这些孩子大多小学和初中时成绩优秀,但是到了高一却一落千丈,再也无法"王者归来"。

他也一样,由父母陪着,不远千里来到我的诊室,想要解答这个问题。初见凯文时,他脸上没有多少表情,但还是愿意与我眼神交流。

凯文的父母向我大概描述了一下他的情况:凯文小学和初中时成绩都很优秀,中考以全年级第三名的成绩进入了重点中学,但到了高一就迷恋上网,成绩开始不断下滑,高二下半学期已经落到倒数第二名。父亲不得不没收了他所有的电子产品。这以后半个月凯文不说一句话,白天睡觉,晚上看电视,不和家人一起吃饭,甚至把所有的中学课本都撕毁了。他母亲哭着给我看了手机里的照片,只见房间里一片狼藉,各种纸片散落一地。

"他这是怎么了?一向乖巧的孩子突然变得不认识了。"母亲无法接受这些事实,几次哽咽。

我让凯文进来,他看了我一眼,神色里有一份慌乱。我让他告诉我自己的问题和情况。他语速很慢,想把自己的感受说清楚,但又不知如何表述,两只手紧紧地按住裤袋,寻找依靠。

他说:"我的问题是我很努力地在学习,但收效却很慢。就比如上课很专心,我也觉得听懂了,就是不会做作业。"

"你觉得作业很难,还是自己的学习能力下降了?"我问。他努力地沉思,回应道:"我不太清楚,好像都有。我只是觉得自己做作业常常会无法集中精力,思维变慢了。"

"什么时候开始的。"我问。他说:"上了高一,我觉得自己学习上变得吃力了,没有原先那种能力了。"

"你分析原因是什么?"我继续问道。"可能是不适应吧,但对学习我还是很有兴趣。"他微微皱了皱眉毛。

"会不会是因为上网投入的精力过大而影响了学习?"我试探道。他立即说:"当然不是,上网只是帮助我释放压力,让我情绪好一些。"

"你最近情绪不好吗?我寻着线索追问道。他沉思了一下:"情绪时好时坏,心里很烦,觉得自己什么都做不好,特别不愿意听到父母的唠叨声,很想发火,完全控制不住。有时候又觉得什么都没意思,就会放纵自己,每次上网和打游戏后就会觉得心里舒服些。"

"其实你自己也一直困惑于成绩提高不了的原因何在,是吗?"我问。他变得亢奋起来,语速加快,说:"我将不会的题目又进行了整理,但还是会出现问题。我原先那种驾驭题目的能力开始衰退,找不到以前那种畅快的做题感觉。过去所有的自信现在突然变得不确定了。"

我问:"你有否想过寻求帮助,比如和父母谈谈,请个辅导老师?"

他看看我,眼神很坚定,"我觉得学习应靠自己,这是我自己的问题。"随后他又很烦躁地来回搓手,补充说:"他们只会越帮越忙。"

我鼓励他继续说下去,"他们只是单纯地把我成绩下降的原因归结为手机上网。我已经很烦了,他们又给我增加更大的烦恼,让我在无法应对自身问题压力的时候还要面对他们给予的更大压力。"他提高了声调。

"于是你选择了沉默?"我问。他说:"至少可以减少他们对我的干扰。"

我问:"但你还是会担心他们,不知道该怎么处理,是吗?"这时凯文的眼神里掠过一丝愧疚。

我问道:"来自父母的压力和自身的压力,哪个更大?"他很快答道:"父母的。"

"你觉得你的问题是什么?"我问。他有些茫然,迟疑了一会儿,又摇了摇头。"我不是很清楚,所以父亲提出看看心理医生,我就来了。"

我问:"你也觉得有心理问题?"他说:"我总是静不下心来,烦躁不安,焦虑,情绪容易失控。有的时候又消极,什么都不想做。"

我试着帮他总结:"你觉得是情绪的问题?"他点点头。

"你情绪好的时候,学习上是不是特别带劲、效率很高?"他又肯定地点点头,表示赞同。

我说道:"你自己分析得很对,你虽然还不是很清楚,但已经感觉到是情绪发生了问题。当我们情绪出问题的时候,我们就会因为烦躁、焦虑、不安而无法集中精力,或者抑郁、兴趣减退、厌学而导致学习动力不足,出现学习效率下降,学习能力变弱。"。

他的眼睛里有了神采:"那我该怎么办?""我会对你进行一个情绪评估,根据情况判断是否需要住院治疗,或者定期复诊,进行门诊心理疏导,同时介入家庭治疗。"我看着他。

他脸上微微有了笑容:"我可以治好吗?"我回应道:"只要你好好配合,一定会有效果。"

像凯文这样的例子不乏其人。孩子出现学习问题,家长过度关注,孩子产生逆反,双方矛盾激化,随之父母又担心孩子出现过激行为,谨小慎微,被动冷战。这其中又因为家庭关系复杂,或者家长及孩子的个性不同,表现程度不一。

分析凯文的情况,表面的现象是成绩下滑,父母归结的原因就是玩电子产品所导致。剖析他进入高中后各个时段的变化,高一上半学期成绩稍有下降,高二上半学期下降明显,到下半学期退至倒数第二。凯文在进入高中后,环境变化,课业难度增加,加上竞争对手较强,严峻现实下的不适反应都给他造成了很大的压力,而凯文的调整能力较慢,激烈的竞争氛围让他如履薄冰。

他试图通过反复做题、反复看书来提高成绩,但效果甚微,而父母又表现出过度担心和不信任,尤其是母亲较为焦虑,更增加了凯文的压力。我问凯文学习压力和父母所给的压力哪个更大时,他表现出对父母所给压力的抵触。

对于一个好学要强、有自我要求和定位的孩子来讲,高中的学习生活本身就会自加压力，而父母在不了解情况下的主观判断，只会让孩子更加烦躁，在无法处理清楚自己事务的时候又徒增父母给予的压力，这让一个正值青春期的孩子茫然不知所措。

面对这样的状况，凯文无法很好调整和应对，而这些压力需要出口和排解。他告诉我，自己在玩游戏上网聊天中压力获得释放，于是他选择这种方式，最后他发现自己在面对学习压力的时候会更加依恋它们，来获得轻松。

凯文的父母像很多父母一样，关心孩子将来的出路、未来的前景。孩子成绩灿烂，他们就心情灿烂；孩子学习上出现问题，他们就如临大敌。在整个过程当中，他们仅仅只关心表现出来的问题，而没有了解孩子的思想状态。在孩子适应能力、同学之间交往、与老师的相处、课业难度等方面没有与孩子进行交流和了解。

对于父母来讲，应该更多地与孩子进行精神上的交流，了解他的想法，出现问题则可以进行引导，帮助他认真对待和处理。一旦孩子出现成绩下滑，就主观武断地认为是孩子自身不努力，甚至归结在表象，认为是电子产品惹的祸，而并没有了解孩子沉浸在虚拟世界的真实原因。

凯文在无法解决自己的问题时已经出现了很多情绪上的表现，而父母又将自己因为孩子成绩不如意的焦虑投射到孩子身上，这些叠加的压力往往让孩子无所适从，他不知道该怎样应对。一旦家长有不合适的举动，就会成为点燃火山口的火药，造成可怕的后果。

面对这些问题，父母更应该冷静下来，帮助孩子适应阶段性变化，给他们调整的时间，给予他们精神上的支持，平心静气地成为孩子的朋友,共同承担这份压力,分析这些问题。在孩子没有做好应对的准备时,尽量地去沟通交流,帮助他们倾泻压力,慢慢地找到解决的方法。有的时候家长只需要简单地做倾听者和等待者。创造轻松的家庭氛围,生活上给予细微体贴的重视,让家庭支持成为孩子努力的力量,这就是一种精神引领。如果孩子告诉了你他的困惑,你比他还要焦虑,那只会让事情变得更加复杂,甚至孩子再也不愿意真心坦白。一旦孩子心门关闭,再做任何努力都是于事无补。

凯文最后的情绪评估是中重度抑郁,需要住院治疗。当我把这个建议告诉他父亲时,父亲立即拒绝了,他担心这种住院的经历会对他产生更大的心理负荷,让他无法面对他周围的同学。凯文的母亲则没有了主意,无助地看着父亲。

凯文一直在沉默,听凭着父亲做出抉择。我告诉他,他可以继续来找我咨询,但一定要先吃些药物控制一下抑郁的情绪,在情绪调整好的基础上再进行心理治疗,会有很好的效果。

离开的时候,他不断地问我:"吃药就能好吗?"我告诉他,只要定期随访,调整好自己的情绪,一定会有帮助。

孩子的问题:焦虑、抑郁、叛逆,高压下的心理失衡。

① 好学要强,自我定位较高。

② 无法很好调整和应对环境的变化以及学习上的压力。

③ 依恋玩游戏上网聊天,排解压力,获得轻松。

④ 青春期存在逆反心理。

家长的问题：家长过度关注，对孩子寄予过高的期望，对孩子成绩的下滑表现出过度担心和不信任，尤其是母亲较为焦虑，过度关注和询问成绩，更增加孩子的压力。父亲缺乏对孩子的理解，采取严厉的管教方式，造成孩子的逆反心理。

本案例家庭教育模式属于过度关注型。

日本性格心理学家诧摩武俊把父母的教养方式分为：专制型、溺爱型、严厉型、民主型、民主权威型。不同的父母，对孩子的态度不同，采取的教养方式不同，对孩子心理发展的影响也不一样。

严厉型的管教方式中，家长对孩子寄予过高期望，认为必须全力以赴保证学业，为此无视孩子的独立性与自主性，设置许多清规戒律。

民主权威型是比较可取的教养态度。鲍姆林德的研究证明，民主权威型家长认为自己在孩子心目中应该有权威，但这种权威来自他们与孩子经常的交流、来自父母对孩子的尊重和理解，以及父母对孩子卓有成效的帮助。

民主权威型父母与孩子的沟通很好，父母与子女之间彼此互相了解对方的心思和愿望。在孩子遇到困难时，父母会不惜时间和力量给他们以切切实实的帮助。

父母只有充分尊重孩子，从孩子的生理、心理特点、个性差异出发，因材施教，这样才有可能达到所期望的教育效果，才有利于儿童身心的健康发展。

① 环境的变化和学习上的压力让凯文无法应对的时候,父母不但没有很好地引导孩子学会适应,反而把他们自己的焦虑和担心投射到孩子身上,更增添了孩子的压力。凯文在无法排解压力的情况下迷恋上玩游戏、上网聊天,同时出现抑郁和焦虑情绪。我们应该准确认识问题所在。

② 父母要创造轻松的家庭氛围,生活上给予细微体贴的重视,注重孩子的独立性和自主性,多与孩子沟通和交流,避免出现强烈的逆反心理。

这只猫咪很笃定，虽然会绕点路，但它很清楚一定可以抓到老鼠。凡事不能着急，要学会等待，学会看到方向，慢慢地分析原因，找到解决问题的方法。

中大心理

爱·陪伴·和谐·引导

书中的案例虽然写的是孩子的问题,但其产生问题根源有的却在家长。试想,如果不成熟的家长用自己主观的行为方式去教育孩子,那么他们所教育出的孩子又会成为类似的家长,他们用自己营造的不良氛围去滋养孩子,那么一代代孩子又会上演同样的悲剧而绵延不绝。正是基于这样的目的,我们在此大声疾呼:救救孩子!

当代的家长面对很多的压力,特别是孩子的教育压力。"学而优则仕",虽是封建时代遗留的传统观念,但在很多人心目中至今仍没有改变。学习好了就可以做官,甚至有些家长似乎觉得这是一条唯一出路,也是最简单、不需要自己费心力去了解和设计、既定好的一条出路。所以大多数人都涌向这个入口,却并不清楚孩子自身有多少能力。在学业的过程中,小升初、中考、高考,每一次就像滚刀一样,把家长和孩子搞得胆战心惊、遍体鳞伤。尽管这样,倔强的家长们依然坚信自己的孩子可以出人头地,坚持付出更多的财力物力去让孩子上辅导班,孩子从早上忙到晚上,生活的全部就是学习，生活的目的就是有个好成绩。成绩好的在班上就是人物，就是学校和老师的宠儿，就可以有欺凌鄙视、不尊重他人的借口，就可以恃宠娇、为所欲为。孩子的价值观被他所目击的现实状态扭曲，在抢夺学习地位中去抢夺尊严和人格。曾经发生过两个优秀生为了争夺第一名，其中一个给另一个下毒的悲剧。很多家长面对这样的压力会出现很多情绪，会选择不同的方式对待。

抱怨：许多家长在社会多元压力环境下，焦虑不安。教育投入过大超出他们的预期，跟从别人脚步，紧追优质师资，许多家长"孟母三迁"，为了让孩子上好的学校，牺牲自己的生活质量租房子、买房子，可是当孩子没有达到自己的预期，就抱怨、迁怒，把自己的委屈和因此付出的代价包裹成团扔给孩子，即便有的做得很好，也忍不住一些情绪的流露，特别对一些敏感的孩子，父母所付出的都成了他背上的枷锁，一个比一个重，对一个心智还不健全的孩子来说承受这些是不公平的，这不是她或他要选择的生活，而是家长为他们选择的生活。案例中的孩子独自吞噬这些压力，没有出口排泄，把自己封杀在里面，压力像滚雪球一样越来越大，每一次考试都是一次战斗，都是家长和老师重新定位自己的标尺，成绩差了，遭受责骂或者潜在的鄙视，成绩好了，就获得更多的关注和艳羡。他们的价值评判体系只有学习，因为现实就是如此。善良、包容、宽厚、五讲四美……已经不是学校的主流价值观了。一些孩子把学习作为所有目的，每次痛苦的付出就如仇恨的子弹用来去射击别人，来证实自己。有些孩子不会独立学习，长期依赖家长，家长生病了，他的学习成绩就下降，考不上好学校，他认为是家长的过错，毁灭了他的前程。有的学生内向胆怯，学习不好，就变成了另类，甚至会被欺凌,无人关注,更加自卑自闭,最后害怕被伤害而拒绝与人交往。上网打游戏,对孩子而言,某种程度上是一种逃避,是一种获得自我价值和成就感的方式,他们有的愿意生活在虚拟世界里永远都不出来,而这一切都是为了保护自己,获取安全感。

家长抱怨的另一种方式就是不去解决问题,而是把这种问题倾泻给孩子。许多家长不能解决家庭的问题或者是自身的问题,就将这些烦恼和压力以及所处紧张环境施加给孩子。对于一些敏感、心思重和懂事的孩子来讲,这些又成为他们的包袱和负担,他们幼小的心智无法承担大人世界复杂的关系,特别是在一些大家庭中,关系复杂,矛盾错综,有些孩子会变得更加沉重。有些孩子试图用自己的力量去改变,但往往事与愿违,反而感觉很挫败。作为父母,不主动地去解决问题,而用回避或逃避的方式面对生活,用自己委屈、痛苦、隐忍的情绪来影响孩子,对于早熟敏感的孩子来讲,这就会变成一种胁迫、一种挫败,使他们变得封闭。这些无奈的忧伤和沉重的氛围都会给孩子造成压力。

焦虑: 案例中有好几个孩子,因为心理问题出现躯体化症状,家长对此过度夸大对待,不断地制造焦虑氛围,将自己的焦虑叠加在孩子的心理压力上。家长过度担心,过度忧虑,四处投医,不断重复着对孩子的暗示和诱导,而不是探寻孩子发生问题的真实原因,他们在制造的恐惧中胡思乱想,并将这种情绪投射和扩散,导致家庭氛围紧张,放大问题的严重性。一些孩子心智脆弱,原本就有一些悲观心理,被家长过度焦虑所困扰,最终可能选择放弃。作为家长应该积极乐观地解决问题,帮助孩子分担忧虑,用积极的态度来转化事件,使事情向良性方向发展。一些孩子出现心理问题,家长不是积极地寻求专业机构和人士的帮助，而是依从孩子，放大紧张情绪，回避问题。也有的家长把这种心理问题看得过重，不接受事实，不面对现实，对孩子谨小慎微，过度保护，不去主导事物发展走向，而是放弃正向引领，最终失控。其实孩子在心理矛盾期和青春期等的特殊时期，内心自我冲突容易强烈，行为不成熟，出现一些认知上变化是可以理解的，给他/她一段时间的宽松期，营造良好的家庭氛围，适时轻松引导，可以帮助他/她冷静思考，抵抗外界的干扰，缓解紧张焦虑情绪，平稳度过。家长要相信，孩子的青春期就是一场风暴，即便痛苦但终究会过去，所以要调整好心态，了解这个历程，理解孩子的心理状态，用正向思维和良好氛围耐心积极地主导事物发展的方向。

专制：家长专制，控制欲强，对孩子人格的摧残影响很大。现实生活中，专制的家长往往能力很强，做事利索，说一不二，认为很多事情自己可以把控的，对孩子也是一样，忽视孩子作为人的个体意识，将自己的理想强加给孩子，过度干预，阻挠孩子的自我思维形成，在孩子有自己见解的时候打击或者摒弃，使孩子失去激发自己独立思考的能力和时机，摧残了孩子自我个性的成长。有些孩子为了保护自身的安全，学会顺从和服从，人云亦云，在今后的人生道路上没有主意，懦弱、盲从，遇到事情不会解决，迷茫和困惑，有的甚至将自己压抑起来，变得自卑自闭。有的会以暴制暴，用武力解决问题，导致人际关系冲突重重，最终否定自我，失去自信。专制的父母往往更加看重成果，当孩子的发展不符合自己的预期，希望越大失望越大，就会将不好的情绪发泄在孩子身上，导致孩子的压力增加，进而改变认知而出现躯体化的症状。家长的介入不应是控制孩子的思想和行为,而应在处理问题时候,从正确的角度上有合理冷静的判断,并作出对孩子考虑周全的决定。很多时候,家长关注的仅仅是孩子自身,而忽视了影响孩子的社会系统,削弱甚至摧毁了他们担当的社会责任意识,而这些都会变成冲突,造成对孩子的伤害。"我是谁?""我想做什么?"在专制的父母面前自我的定义会显得非常模糊。

不管:许多家长把工作忙作为不能照顾孩子的借口,有的只是管理孩子的生活,从未去真正关心和了解孩子的思想和心理,从未和孩子建立良性的亲子关系。一些孩子从小就被丢在爷爷奶奶家里,或者很早就不得不离开父母开始寄宿生活。对孩子来讲,早期与父母的分离会剥夺他/她的安全感,产生惊恐和害怕、孤独的心理。长期处在这种状态,会影响他/她健全人格的形成,对其心理发育造成伤害。在一些突发的外在事件上,为保护自己的安全地位,他们往往用一些相对狭隘的想法去趋利避害,内心常常处在警惕和防范的状态中,身心得不到松弛。特别是青春期的一些生理事件,在无人疏导的情况下,他们用自己的主观评价来判断,自我封闭、自我保护,没有可以亲近和分担的对象,久而久之,他们会形成向内成长求解方式,而不是向外分享来获取帮助。随着年龄的增长,与周围人、事对比之后,他们的心理冲突会更大,甚至会出现仇视和敌对的心理。缺少安全感,不是以畏缩封闭的方式来保全自己,就可能以掠夺和侵略的方式来获取安全。许多家长固执地认为他们从小也是这样生活过来的,并没有出现障碍,所有的问题归因为孩子自身。时代在变化,过去每家都有几个孩子,基本保障和收入差不多,社会整个体系都是计划性,贫富差距不大,但是现在孩子都是独苗,竞争压力大,社会资源分布不均,两极分化明显,这些都在制造冲击和冲突。家庭的不紧密和社会不公平都会在孩子心里留下烙印。父母的漠视忽视,对孩子各个生理时期出现的心理状态无视,在一些问题的处理上简单粗暴,都会造成亲密关系的裂痕,并且这一裂痕会一直如影随形伴随着孩子,在他们成长后与周围人和事的相处中反复出现,成为困扰和伤害,让他们焦虑和惊恐,没有安全感的归属。

娇惯: 娇惯和宠溺孩子的家长现在随处可见,他们的一个共性认识就是过去自己太苦了,决不让孩子再承受他们曾经吃过的苦。但这种施予让孩子失去了一次次成长的机会。从一个玩具开始,孩子就知道只要赖着不走,玩具就会到手,也有的孩子不需要哭闹,玩具就堆了一屋子。女孩子要富养观念也大行其道。孩子因此不懂得珍惜,不知道经过自己努力获得东西有多珍贵,所有的过程都被省掉就可以得到,不需要付出就有收获。对他们来讲,没有经历、没有失败、没有挫折,一切都如此容易,以后遇到任何问题,他们都会规避,甚至不用思考或者出手,父母都已经解决。原本自然的历练过程被父母轻易地省掉了,一旦独立面对社会,面对纷至沓来的现实问题,孩子只会张皇失措,出现心理不适应,处理问题也会显得畏缩,不敢向前冲,没有担当和责任意识,学会规避、退缩、逃跑、放弃,有的因为害怕,而将自己沉湎在虚拟电子世界里不愿意出来。娇惯的孩子在处理人际关系上也会被动,害怕被嘲笑而选择封闭。另一方面,娇惯的孩子会很任性,对父母和对外界持两种态度,对父母飞扬跋扈、为所欲为,而在外面则自卑胆怯、逃避畏缩。这样的孩子内心冲突会很激烈,外界和家庭的认可不一致,自我否定意识会强化,导致出现社交焦虑、惊恐发作等心理问题。作为家长同样作茧自缚,内心期望过高,投入过大,最后没有得到相应比例的回报,于是对孩子抱怨、体罚,焦虑投射,家庭关系失衡,和谐氛围崩溃。

作为家长,应该理性地去对待各个阶段的孩子,每个人在做父母之前都应该进行学习,获取孩子成长教育的相关知识,了解各个阶段孩子心理需求和心理状态。我们认为有四个要素:

爱: 孩子是爱的结晶,是上天给予的礼物。我曾经见过一位母亲,2岁的女儿常常会起夜,她会因为女儿频频换尿布而开心大笑,对女儿对新事物的探索,抱着欣赏和鼓励的态度。爱所滋生的温暖很多,它包含有安全、稳定、舒适、平静、轻松等很多保护情绪的内容。爱不是简单意义上的喜欢,而是一种责任。在建立亲子关系上,父母要承担好自己的义务,扮演好自己的角色。心中有爱的家长,在处理问题时所表现的态度都是引导和示范,对社会的责任、对家庭的担当、对父母的孝顺……这些都是可贵的施予。爱是稳定的,不能因为孩子成绩好就爱、成绩不好就不爱,今天心情好就爱,心情不好就打。爱是深沉的,在责罚孩子的背后则是教会孩子学会成长。爱是无私的,不是占有和绑架,而是分享,各自有空间。爱是一种疗愈,在孩子经历痛苦时给予充分的理解,理解他们一度的沉沦,抚慰他们的心灵,给予默默的关怀和适时正向的引领,帮助他们度过风暴期。爱是希望,在温室里养大的孩子很难承受挫折,始终如一和坚持的爱就是希望、宽容和理解,给予孩子成长的时间,相信他们有崭新的未来,点亮希望。

氛围: 和谐宽松的氛围是化解一切情绪的良药。家长在你追我赶,各显神通,削尖了脑袋去给孩子报优质补习班,努力搞好与老师的关系,以及其他各种攀比的氛围里保持住稳定的心态确实不易,但往往越是外界浮躁的时候越要能把持住家中良好的氛围。曾经有一位女孩子因为学习的压力变得有些抑郁,她的父母适时介入和帮助,高中三年期间父母支持她正确地解决自己的问题,服用抗抑郁药物对这个家庭并没有影响,父母平静地接受这一切,相信这是孩子成长中正常的变化,家庭一直保持着轻松和愉快的氛围,女孩子也没有因为有了抑郁的帽子而变得畏缩封闭,家庭给予她的是理解和帮助。三年后,这个女孩顺利地考上了理想的大学。但现实生活中多数家长的心理很难保持这么稳健,家长会将在外界所受的各种压力折射到家庭中,孩子心理动荡得不到适时的化解,家长的高期待和孩子的低产出等等矛盾爆发。无论家长是选择激烈还是压抑的方式,都会让孩子感受到不和谐和不舒服,孩子的精力就在与家长的对抗中消耗和迂回,最终也没有心力投入学习。宽松和谐的家庭环境是让孩子能够平心静气、独立思考问题、放弃对抗的前提条件,在这个过程中,只要适当地引导,等待他们慢慢成长,他们就会找到前进的出口。

陪伴:孩子在成长的每个阶段都会遇到困难和问题,作为家长,不仅仅是物质的供给,更重要的是陪伴和守护。许多家长在孩子需要陪伴的年龄离开他们,让他们独自住校,承受不是这个年龄段应该承受的心理负担,或者是没有考虑孩子的心理状态就粗暴地离开他们。过早地离断了亲子关系,对孩子,尤其是对一些胆小孤僻的孩子来讲,失去了最重要时段的爱护和关怀。早期缺少陪伴的孩子往往都缺失安全感,在今后的生活和工作中,他们都会为了获取这份安全感而去掠夺和伤害,最终伤害了自己。还有的孩子会因为缺少适时的帮助,一些事件的阴影对他/她造成创伤,让他们对人和事的认知发生扭曲。最重要的是,缺乏陪伴的孩子很难与父母建立正常的亲子关系,对往后人格发展和建立良好社交关系产生障碍。陪伴是帮助孩子度过困难的良药,陪伴中的爱护和关怀、陪伴中孩子情绪的倾泻、陪伴中彼此的理解和安慰、陪伴中的引导……陪伴中所有发生的故事都会让双方感知到支持和力量,建立更加牢固的关系,让孩子修复伤口,振作精神,重新来过,重新上路。

解决问题:家长要教会孩子如何解决问题,而不是包办代替。许多家长在孩子遇到问题的时候,一心帮着孩子解决,久而久之,孩子失去了独立思考的能力,遇到任何问题他们都会推给父母。第一次摔跤开始,家长可以搀扶,第一次逃学,家长去找老师请假……长此以往,孩子不用为自己的错误承担任何后果。一位在国外留学的大孩子告诉我,在出国之前,他从来没有好好地认识自己、感受到自己的力量。到了国外,他才知道所有的事情没有依靠,唯一的途径就是靠自己解决。在这个过程中,他找到了自己,学会了自强和自立。解决问题的能力是一个长期积累的过程,必须通过挫折和失败来积累经验和教训,如果家长把这种机会剥夺了,孩子只会延长成长期,在本该成长的阶段滞后。家长要将成长权利还给孩子,要给孩子成长的空间、受挫的机会、独立思考的土壤,让他/她学会独立解决和处理问题,即便第一次错了,他也会从中吸取教训,从而减少犯错几率,在不断受挫和失败中学会思考,找到解决问题的方法。

孩子的教育是一个长期的系统工程,需要家长的付出,但这种付出不是盲目的,要掌握教育学和心理学的相关知识,用理性的爱、适时的陪伴、和谐的氛围以及正确的处理方法来帮助和引导孩子。风暴会有,作为家长切勿去增加条件,反而让它愈刮愈烈,而是冷静地处理和对待,帮助孩子度过风暴期。一分耕耘一分收获,让孩子们用美好的童年来治愈磨难的人生,而不是用一生来治愈不幸的童年。

作者
2019 年 10 月